Band 10: Ernst Pohl, Die Imkerfibel

IMKER
FREUND
BÜCHER

IMKER FREUND BÜCHER Band 10

Bereits erschienen:

Band 1: Evenius-Kaeser, Das Honigbuch
Band 2: Herold, Neue Imkerschule
Band 3: Kloft-Maurizio-Kunkel, Das Waldhonigbuch
Band 4: Maurizio-Grafl, Das Trachtpflanzenbuch
Band 5: Ruttner, Zuchttechnik und Zuchtauslese bei der Biene
Band 6: Herold, Heilwerte aus dem Bienenvolk
Band 7: Bruder Adam, Meine Betriebsweise
Band 8: Ruppertshofen, Der summende Wald
Band 9: Weber, Das Wachsbuch
Band 10: Pohl, Die Imkerfibel
Band 11: Dany, Pollensammeln heute
Band 12: Hanck-Küthe-Stute-Wahl, Giftschäden an Bienenvölkern
Band 13: Weiß, Der Wochenendimker

Ehrenwirth Verlag München

Ernst Pohl

Band 10

IMKER
FREUND
BÜCHER

Die Imkerfibel

Ein grundlegendes
Handbuch für den Anfänger

Mit 52 Abbildungen

3. Auflage

Ehrenwirth Verlag München

CIP-Kurztitelaufnahme der Deutschen Bibliothek

Pohl, Ernst:
Die Imkerfibel: Ein grundlegendes Handbuch für
den Anfänger. – 3. Aufl. – München: Ehrenwirth, 1983.
(Imkerfreundbücher; Bd. 10)
ISBN 3-431-02559-5

ISBN 3-431-02559-5

Satz und Druck: Tutte Druckerei GmbH, Salzweg-Passau.
Printed in Germany 1983b.

Inhalt

Vorwort

Während meiner über fünfzigjährigen Imkerpraxis wurden – und werden auch jetzt noch immer – von Jungimkern und von älteren Imker-Anfängern oft Fragen an mich herangetragen, welche die imkerliche Betriebsweise und die Biologie des Bienenvolkes betreffen: z. B. wie man die Völker richtig und zweckmäßig einwintern solle; wie der Wärmehaushalt im Bienenvolk während der Wintermonate beschaffen sei; welche Bedeutung das Baurähmchen habe; wie man den Schwarmtrieb lenken könne; was man unter der Sprache der Bienen verstehe u. v. a.

Wir sprechen dann solche Fragen in der Regel ausführlich durch, berühren dabei dies und das und schweifen manchmal auch vom Thema ab, wie es sich bei mündlichen Erörterungen so ergibt. Ob das Besprochene immer richtig aufgefaßt, verstanden und im Gedächtnis behalten wird? »Die Imkerfibel« will für solche meist zufällig stattfindende und manchmal auch unterbrochene Besprechungen und Erläuterungen eine schriftliche und damit sichere Ersatzform sein.

Und noch ein Zweites: Das **Bienenvolk**, obwohl seit Jahrtausenden vom Menschen als Haustier gepflegt und genutzt, ist seiner Natur nach ein **Wildtier** geblieben und wird es weiterhin bleiben. Es ist für den Imker-Anfänger nicht immer leicht, das biologische Wesen und Verhalten dieses Wildtieres richtig zu verstehen. Doch das ist notwendig. Der Tierpfleger im Zoo z. B. muß auch die Lebensweise seiner meist aus der Wildnatur kommenden Pfleglinge genau kennen, um die Pflegemaßnahmen richtig wählen zu können. Nicht anders der Imker: Erst ein fundiertes *Wissen* vom Bienenvolk verbürgt ein sicheres *Können* bei allen imkerlichen Aufgaben.

Es ist fraglich, ob der zunächst noch wenig erfahrene Jungimker seine praktischen Pflegemaßnahmen immer **bienengemäß** durchführen kann. »Die Imkerfibel« wird ihm dabei helfen. Ihr erstes Kapitel erläutert in ausführlicher Weise das **biologische Grundwissen** vom Bienenvolk, und die folgenden Abschnitte über die **Betriebsweise** nehmen laufend darauf Bezug. Auch über die **Erzeugnisse der Imkerei** und deren Behandlung sowie über die volkswirtschaftliche Bedeutung der Bienenzucht vermittelt »Die Imkerfibel« das notwendige Wissen.

So wird sich dieses erste imkerliche Lesebuch, wie ich hoffe, als stets nützlicher Ratgeber in theoretischen und praktischen Fragen bewähren und die Führung der Bienenvölker durch den Imker erleichtern und sichern.

Ernst Pohl

I. Das biologische Grundwissen vom Bienenvolk

1. Ist das Bienenvolk ein Bienenstaat?

In Gesprächen mit Imkern und Nichtimkern wie auch in schriftlichen, selbst wissenschaftlichen Darstellungen wird oft das Bienenvolk als Bienenstaat bezeichnet. Ist diese Bezeichnung zutreffend? Ist sie nicht eine Art Vermenschlichung?

Im Bereich des Menschlichen sind **Volk** und **Staat** zwei verschiedene Gegebenheiten. Der Staat ist die für das Volk geschaffene äußere Organisation, die durch Gesetze, Rechtsvorschriften, Gebote und Verbote das reibungslose Zusammenleben der Volksangehörigen sichert und regelt.

Das Bienenvolk ist kein solcher Staat im menschlichen Sinne; in ihm werden keine Gesetze ausgedacht und von einer obersten Stelle erlassen. Das Bienenvolk ist, obwohl aus vielen tausend Einzelwesen bestehend, ein lebendiges Ganzes, das von Natur aus seit Jahrtausenden von einem Lebensgesetz erfüllt ist, einem Gesetz, das zu seinem Wesen gehört. Alle Glieder dieses Volkes tragen dieses Lebensgesetz in sich, um ohne Befehl, ohne Gebot und Verbot rein instinktiv danach zu leben und so dem *Ganzen* zu dienen.

Ferdinand Gerstung (1860–1925), der 30 Jahre als Pfarrer in Ossmannstedt bei Weimar wirkte und ein bedeutender Imker und Bienenforscher war, sah das **Bienenvolk** trotz seiner vielen tausend Einzelglieder als **ein Wesen** an und erklärte sinngemäß:

2. Das Bienenvolk ist ein Organismus.

Es besteht aus drei verschiedenen Einzelwesen: einer Königin, vielen tausend Arbeitsbienen und einigen hundert Drohnen. Aber keines dieser Einzelwesen kann für sich allein existieren; und auch das Ganze kann nicht bestehen, wenn eines seiner drei Glieder fehlt. Um die organische Zusammengehörigkeit aller Einzelglieder des Bienenvolkes zu betonen, gab Gerstung dem Bienenvolk die Bezeichnung **der Bien**.

Die **Königin**, die im Bien die Eier für alle Glieder des Volkes (Arbeitsbienen, Drohnen und Jungköniginnen) erzeugt und legt, setzt für ihre Tätigkeit voraus:

a) ein Wachsgebäude, welches nur das Heer der Arbeitsbienen herzustellen vermag,

b) Tausende von Arbeitsbienen, die Nahrung eintragen, Futtersaft bereiten und die heranwachsende Brut pflegen und wärmen,

c) Drohnen für die Begattung von Jungköniginnen.

Die **Arbeitsbienen** setzen für ihre Existenz und Tätigkeit eine begattete Königin, den Wachsbau und das Heer der anderen Arbeitsbienen voraus. Löst sich eine Arbeitsbiene vom Volk, so ist sie allein nicht lebensfähig.

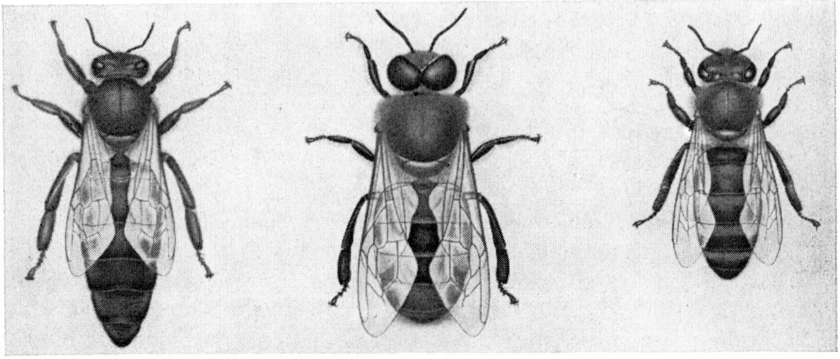

Abb. 1: Königin, Drohn, Arbeiterin

Die **Drohnen**, die für das Leben und Fortbestehen des ganzen Volkes unentbehrlich sind, können selbst ohne die Versorgung durch die Arbeitsbienen nicht leben.

Fehlt eines der drei Lebewesen im Volk, so kann das ganze Volk auf die Dauer nicht existieren.

Im Winter lebt das Volk ohne Drohnen, aber die Königin trägt ja die Fähigkeit in sich, im Frühjahr wieder Drohneneier zu legen.

Dieses organische Zusammengehören aller Einzelwesen im Bienenvolk beruht auf naturgesetzlichen Veranlagungen, die weder vom Bienenvolk noch vom betreuenden Imker geändert werden können.

Nicht selten kommen **Störungen im Organismus Bienenvolk** vor. Da zeigt es sich z. B., daß ein Volk aus irgendeinem Grunde die Königin verliert, also **weisellos** wird, wie man das nennt. Hat das Volk zu diesem Zeitpunkt noch Stifte (Eier) in den Brutwaben oder ein bis zwei Tage alte Maden in Arbeitsbienenzellen, dann baut es einige davon zu sogenannten **Weiselzellen** um, zieht darin Jungköniginnen heran und wählt eine davon zur neuen Stockmutter aus. Das Volk hat in einem solchen Fall **still umgeweiselt**, wie wir Imker sagen; es hat sich dadurch selbst geholfen.

Geht aber beim Begattungsflug die junge Königin verloren – sei es, daß ein Vogel sie wegschnappte, ein Windstoß sie ins nasse Gras warf oder daß die zurückkehrende Königin das Flugloch eines anderen Volkes ansteuerte und daher von dem fremden Volke abgestochen wurde –, dann ist für das Volk, in dem keine Stifte oder Jungmaden mehr vorhanden sind, jede Selbsthilfe ausgeschlossen.

Aus dieser Notlage kann nur der Imker helfen, indem er dem Volk eine Wabe mit Eiern aus einem anderen Volk zuhängt oder eine begattete Jungkönigin aus einem Ableger zusetzt. Tut er das nicht und bleibt das Volk sich selbst überlassen, dann wählt es in seiner Not meist eine Arbeitsbiene als Legeweibchen und füttert sie wie eine richtige Königin. Und diese Biene, deren Eierstöcke sich durch das bessere, besondere Futter besonders ausgebildet haben, legt auch bald Eier, aber unbefruchtete, da dieses Legeweibchen ja nicht begattet worden ist und auch nicht begattet werden kann. Aus diesen unbefruchteten Eiern können sich jedoch nur Drohnen entwickeln. Das Volk ist **drohnenbrütig** geworden. Es ist so gut wie verloren. Da die Arbeitsbienenzellen für die heranwachsende Drohnenbrut zu klein, insbesondere auch zu kurz sind, werden sie von den Arbeitsbienen verlängert und mit einem gewölbten Deckel versehen. Solche Zellen bilden auf der Wabenfläche kleine Buckel, man nennt sie daher **Buckelbrut**.

Der Organismus Bienenvolk kann auch dadurch eine **Störung** erfahren, daß aus irgendeinem Grunde zuwenig Arbeitsbienen im Volk vorhanden sind. Es ist dann so schwach geworden, daß die Zahl der vorhandenen Arbeitsbienen nicht ausreicht, die erforderliche Wärme zu erzeugen oder aufrechtzuerhalten, die Brut voll zu belagern und ausreichend zu füttern. Ein solches Volk kann im Frühjahr, wenn es den Winter überlebt, die gesunden Völker in der Entwicklung aus eigner Kraft nicht mehr einholen.

Eine Störung im Bienenvolk verrät sich dem Imker auch dadurch, daß das Volk im September oder später noch Drohnen hat, die Drohnen um diese Zeit also noch nicht abgetrieben hat. Ein gesundes Volk nimmt keine Drohnen in den Winter, es schafft sie vielmehr bereits im August ab. Behält es die Drohnen über diese Zeit hinaus, dann ist es entweder weisellos, oder es besitzt eine junge, aber noch nicht begattete Königin, die, vielleicht infolge eines körperlichen Fehlers, nicht ausfliegen konnte. Drohnen im Volk im September oder Oktober sind ein Alarmsignal für den Imker. Darum muß es eine der Hauptsorgen jedes Imkers sein, sich rechtzeitig zu überzeugen, daß vor der Einwinterung der Organismus Bienenvolk in Ordnung ist, d. h., daß es weiselrichtig und auch stark genug in den Winter geht. Falls er Störungen bemerkt, ist es des Imkers Aufgabe, die Störungen zu beheben, um dem Bienenvolk die Kraft zum Überleben zu geben. Die gleiche Überprüfung der Völker muß im Frühjahr nach der Auswinterung erfolgen.

3. Die besondere Natur des Bienenvolkes

Das Huhn braucht beispielsweise etwa ein Jahr, um ausgewachsen zu sein. Dann setzt seine Legeleistung ein, die mehr oder weniger während der Lebenszeit des Huhns konstant bleibt. Oder: Sind Pferd und Kuh erst einmal voll entwickelt, dann ändert sich weder an ihrer Natur noch an ihrer Nutzleistung etwas.

Das **Bienenvolk** dagegen ist in seiner Stärke und Leistung dem **Lauf des Jahres** unterworfen. Es ist nach der Auswinterung im März oder April mit seiner legefähigen Königin, seinen 10000 bis 15000 Arbeitsbienen und den heranwachsenden Drohnenmaden durchaus vollständig, aber dem Imker kann es noch längere Zeit keinen Nutzen bringen. Die Trachtbienen, etwa die Hälfte der Überwinterungsbienen, fliegen wohl fleißig aus und holen Nektar und Pollen, aber was sie hereinbringen, reicht zunächst kaum als Nahrung für Volk und Brut. Das

Volk ist und bleibt aufs engste mit der Natur draußen verbunden; es muß jetzt mit ihr wachsen und stark werden und danach im Spätsommer wieder wie die Natur »abnehmen«.

Bei der Sammelarbeit in den Blüten gehen täglich einige hundert Bienen verloren, aber die Königin legt nun rund 1000, später 2000 Eier täglich, so daß das Volk täglich um rund 1000 Bienen stärker wird. Mitte Mai zählt es meist schon 40000 oder gar 50000 Bienen. Wenn auch rund 10000 Bienen als Pflege- und Baubienen im Stock bleiben müssen, so zählt das Heer der Trachtbienen jetzt schon 30000 bis 40000. Sie bringen nun in den Stock etwas mehr Nahrung, als für den eigenen Bedarf benötigt wird, so daß sie bereits kleine Vorräte ansammeln können.

Aber die Natur ist noch jung und entfaltet sich weiter. Das Bienenvolk will und muß mithalten und seine Entwicklung in steiler Kurve weiter betreiben, um aus den sich bald bietenden Blütenmeeren die Vorräte für den nächsten Winter hereinzuholen, wie es ihm der Instinkt gebietet. Im Juni und Juli zählt das Bienenvolk bereits 60000 bis 80000 Bienen, und nun übersteigen die hereingeholten Vorräte weit den Eigenverbrauch.

Der Imker erkennt daraus: Nur starke Völker können nennenswerte Erträge für ihn bringen.

Ende Juli aber wendet sich das Jahr und damit auch das Bienenvolk in seiner Entwicklung. Draußen in der Natur wird das Blühen spärlicher und hört in den meisten Gegenden bald ganz auf. Infolgedessen schränkt auch die Königin die Legetätigkeit ein. Sie legt täglich nur noch 500 und weniger Eier, aber von dem Heer der 40000 oder 50000 Trachtbienen gehen nun täglich weit über tausend Bienen bei ihrer Arbeit verloren, so daß das Volk jetzt täglich um etwa 1000 Bienen schwächer wird, bis es Ende September oder im Oktober wieder nur noch 15000 bis 20000 Bienen, nämlich die Stärke für die Einwinterung, übrig behält. So ergibt sich die Lebenslinie des Volkes im Laufe des Jahres:

Abb. 2:

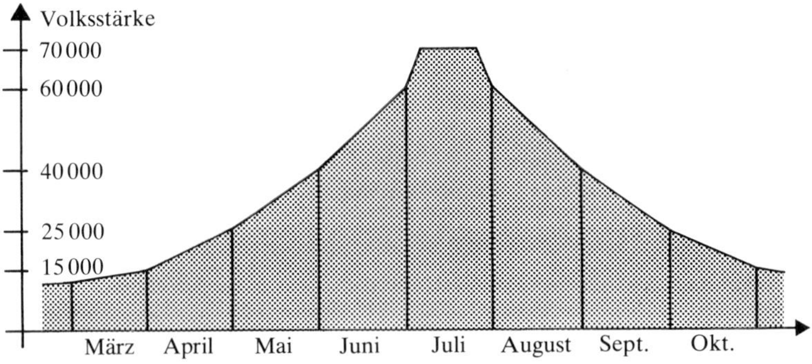

4. Der Wärmehaushalt im überwinternden Bienenvolk

Das Bienenvolk hält keinen Winterschlaf wie die meisten der anderen Insekten. Bei Kälteanfang zieht es sich zwischen und auf den Waben zu einer geschlossenen Traube zusammen. Die einzelnen Bienen wärmen sich gegenseitig und bleiben so quicklebendig. Die Traube ist ihr Wärmeschutz. Wenn es den einzelnen Bienen, die den äußeren Mantel der Traube bilden, zu kühl wird, so kriechen sie in das Innere der Traube und wechseln ihren Platz mit Bienen aus dem Inneren. Die Königin bleibt an der wärmsten Stelle in der Mitte der Traube.

Schon früh haben sich die Bienenwissenschaftler bemüht, durch exakte Messungen über die Temperatur im Bienenstock Aufklärung zu erhalten. Einer der erfolgreichsten Forscher auf diesem Gebiet war Friedrich Lammert aus Sondershausen. Er führte im Januar und Februar 1896 vier Wochen lang, Tag und Nacht, halbstündige Messungen an 2 Völkern durch. Aus seinen Aufzeichnungen darüber geht hervor, daß die Bienen in der überwinternden Traube, unabhängig von der Außentemperatur und auch unabhängig von der Temperatur in den von den Bienen nicht besetzten Teilräumen der Beute, für eine ständige Wärme von 14 bis 20 Grad Celsius sorgen. Nähert sich die Temperatur in der Traube der kritischen Temperatur von 14 Grad, so geht das Volk sofort daran, durch verstärkte Nahrungsaufnahme innerhalb von 2 bis 3 Stunden einen Temperaturanstieg auf 20 Grad herbeizuführen.

Zu etwa gleichen Ergebnissen kamen 1914 – die Lammertschen Messungen waren ihnen damals noch unbekannt – die Amerikaner Gates, Philips und Demuth.

Auch Dr. Büdel berichtet in dem Buch »Biene und Bienenzucht« über den Wärmehaushalt im Bienenvolk während der Wintermonate. Er stellt die Meßergebnisse der Temperaturverteilung im Bienenkasten in anschaulichen Graphiken dar, von denen nachfolgend drei wiedergegeben werden (von S. 124):

Abb. 3:

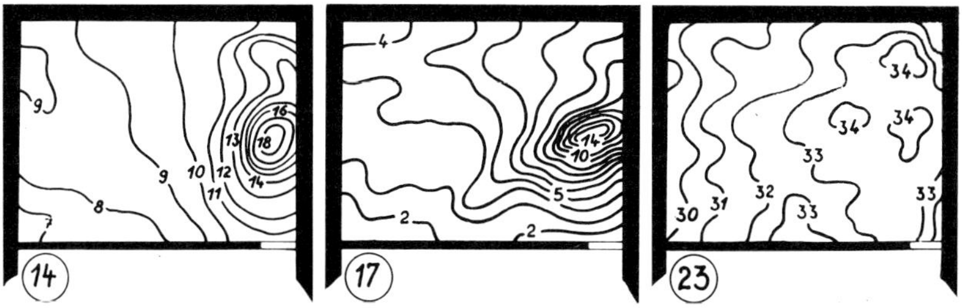

Bild 14: Temperatur in der Traube = 18 °C, im unbesetzten Teil = 8 °C
Bild 17: Temperatur in der Traube = 14 °C, im unbesetzten Teil = 2 °C
Bild 23: Temperatur in der Traube = 34 °C, im unbesetzten Teil = 30 °C

Aus den Zeichnungen und aus zusätzlichen Erklärungen Dr. Büdels ergibt sich, daß die Bienen innerhalb der Bienentraube den ganzen Winter über, selbst bei harter Außenkälte (am 27. 1. minus 12 °C), eine Temperatur von 14 bis 20 Grad Celsius hielten, während in den unbesetzten Teilräumen des Bienenstocks die Temperatur 2 bis 8 Grad betrug.

Am 12. April hatte sich die Traube gelockert. Die Temperatur in der Traube ist auf 34 bis 35 Grad gesteigert worden, ein Zeichen, daß die Waben in der Traube mit Brut besetzt waren, denn die Bienenbrut braucht zur normalen Entwicklung eine konstante Wärme von 34 bis 35 Grad. Der Raum neben der Traube war gleichfalls von Bienen besetzt, aber noch nicht mit Brut belegt worden.

Das Bienenvolk besitzt die Fähigkeit, das Kleinklima in der Beute selbst weitgehend zu regulieren. Es kann, wenn draußen Frostgrade herrschen, innerhalb der Beute Wärme erzeugen, die Wärme nach Bedarf steigern und auch konstant erhalten. Dr. Büdel schreibt dazu: »Die Wärmeregulierung ist wohl die markanteste Erscheinung im Kleinklima der Bienenwohnung. Sie beschränkt sich nicht nur auf die Herstellung und Erhaltung einer bestimmten Temperatur, sondern die Bienen sind in der Lage, auch eine Übertemperatur herabzusetzen.«

Voraussetzung für diese Fähigkeiten ist, daß das Volk selbst eine ausreichende Stärke besitzt und daß dem Volk den ganzen Winter hindurch und besonders in der Übergangszeit zum Frühjahr, wenn der Futterbedarf für die Brut hinzukommt, ausreichende Futtermengen zur Verfügung stehen. Wintervorräte sind für das Volk Nahrung und dadurch zugleich Heizmaterial.

Das notwendige Wissen vom Wärmehaushalt läßt sich übersichtlich in folgenden Punkten zusammenfassen:

a) Die Bienenvölker, von ihrem Instinkt geleitet, gehen in der Regel brutfrei in den Winter. Sie ziehen sich als Traube eng zusammen und halten in dieser brutfreien Traube eine Wärme von 14–20 Grad Celsius aufrecht.

b) In den unbesetzten Teilräumen der Beute beträgt die Temperatur während des Winters in der Regel 2 bis 10 Grad.

c) Für die Entwicklung der Brut ist eine Temperatur von 34 bis 35 Grad notwendig. Diese Brutnestwärme muß konstant bleiben.

d) In der Zeit vom Reinigungsausflug bis Anfang März kann die notwendige Brutnestwärme nur in der Mitte der Bienentraube erzeugt und aufrechterhalten werden. Die Königin legt hier zunächst auf ein oder zwei Waben Brutflächen von der Größe eines Fünfmarkstücks an. Das Brutnest wird zuerst so klein gehalten, damit es auch bei Neueintritt von Kälte in der Traube geborgen bleibt.

e) Nach weiteren Flugtagen in den nächsten 4 bis 5 Wochen lockert sich die Traube, das Volk wächst und ist bald imstande, den gesamten Brutraum auf 35 Grad zu erwärmen.

5. Die Brutnestordnung im Bienenvolk

Ferdinand Gerstung hat den Aufbau des Brutnestes und die Art der Legetätigkeit der Königin eingehend beobachtet und dabei festgestellt, daß die Königin die Brutfelder nicht willkürlich auf die Waben verteilt. Der Brutentwicklung im Bienenvolk liegt vielmehr eine strenge Gesetzmäßigkeit zu Grunde. Sie vollzieht sich in bestimmter Art und Weise, wobei die Formen **Bienentraube** und **Brutkugel** eine eigene Rolle spielen. Es ist uns bereits bekannt, daß das Bienenvolk in der Mitte des Wabenbaues als **Bienentraube** überwintert. Eine einzelne Biene oder auch eine Bienengruppe könnte in unserer Gegend selbst in dickwandiger Beute den Winter nicht überstehen. Das kann nur das Bienenvolk als eine viele tausend Individuen zählende Masse in der Form einer Traube, vorausgesetzt, daß Futtervorräte als Heizmaterial an die Traube grenzen und für die eng zusammensitzenden Bienen erreichbar sind.

Bei milden Temperaturen lockert sich die Traube und erweitert ihren Sitz. Bei steigender Kälte zieht sie sich eng zusammen. Das überwinternde Volk formt sich in der Regel bereits Ende November zur Traube und bleibt von Anfang Dezember bis zum Februar brutfrei. Nach dem Reinigungsausflug bilden die Bienen im Zentrum der Traube eine kleine Hohlkugel, welche (nach Gerstung) der „Mittelpunkt des Wärmezentrums" ist. Hier legt die Königin das erste Ei in eine Zelle und um dieses spiralförmig weitere Eier in die von den Bienen dafür vorbereiteten Zellen. Das ist der Anfang der **Brutkugel**. Dieses erste Brutfeld hat nur etwa die Größe des oberen Randes einer Kaffeetasse (siehe Schema I, Nr. 1).

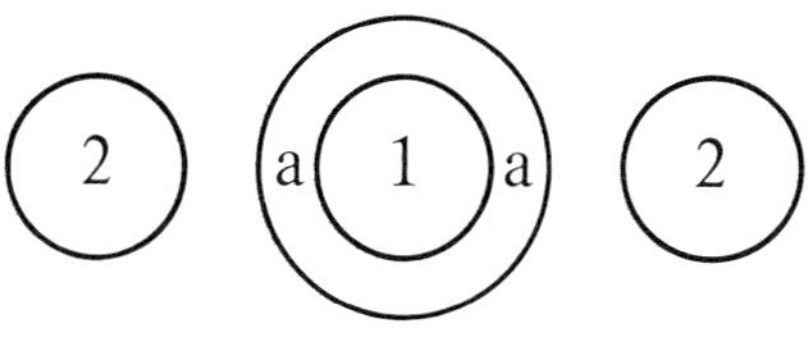

Abb. 4: Schema I

Da nach dem Reinigungsausflug das Wetter in der Regel mild bleibt, haben die Bienen inzwischen auf der Nachbarwabe eine kreisförmige Fläche von Zellen zur Aufnahme von Eiern vorbereitet. Die Königin geht von der bestifteten Mittelwabe auf die Nachbarwabe über und legt hier nach dem gleichen Gesetz wie auf der Zentrumswabe einen etwas kleineren Kreis (etwa gleich einem Fünfmarkstück) Eier ab.

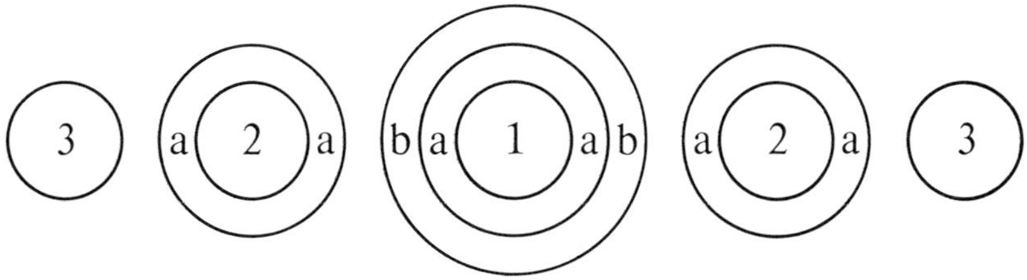

Abb. 5: Schema II

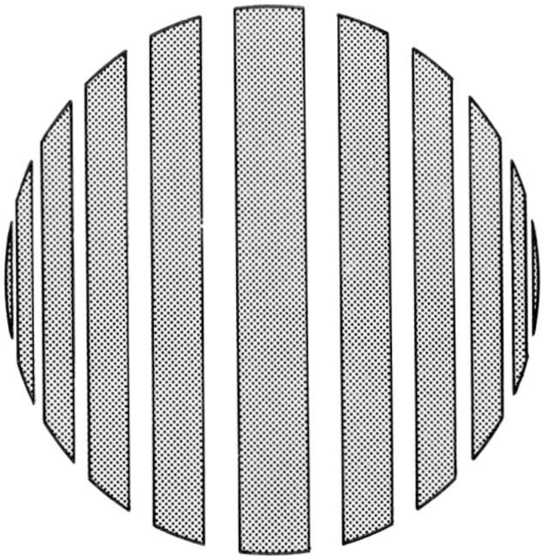

Abb. 6: Schema III

Dann kehrt sie auf die Mittelwabe zurück, wo inzwischen wieder ein Gürtel Zellen gerüstet und erwärmt worden ist, und bestiftet auch diesen ersten Erweiterungsgürtel (1a), um dann auf die andere Nachbarwabe zu gehen und dort einen gleichen Kreis Eier abzulegen wie auf der Nachbarwabe. Dann kehrt die Königin wieder auf die Mittelwabe zurück, legt einen zweiten Erweiterungsgürtel (Schema II, 1b) Eier ab, geht dann auf die erste Nachbarwabe (2) und legt hier einen ersten Erweiterungsgürtel an (2 a), geht dann aber auf die zweite Nachbarwabe (3), um dort je eine kreisförmige Fläche Brut abzusetzen, also zwei neue Waben in das Brutnest aufzunehmen. Denken wir uns die Waben mit den Brutfeldern parallel nebeneinander gestellt, wie sie in der Beute geordnet sind, dann ergeben die **Brutfelder** insgesamt das Bild einer Kugel (Schema III).

In der Mitte der Wintertraube ist so eine mehr oder weniger regelmäßige **Brutkugel** entstanden. Mit jeder Erweiterung der Brutkugel auf weitere Waben wachsen die Brutfelder auf den vorher mit Brut belegten Waben durch Erweiterungsgürtel. Dieses Wachsen der Brutkugel im Schutz der Wintertraube bei noch kühler Frühjahrswitterung hat Gerstung wiederholt beobachtet und als Gesetzmäßigkeit festgestellt.

Brutkugel und Wintertraube sind somit zweierlei Lebensformen des überwinternden Volkes. Die Brutkugel, der Kern des neuen Lebens, hat die Bienentraube als Wärmeschutz und zur Futterbereitstellung zur Voraussetzung.

Ende April, spätestens Anfang Mai, ist der Raum der Butkugel ganz von Brut besetzt. Doch das Bienenvolk will im Frühsommer noch weiter wachsen, noch stärker werden. Bliebe die Brutentwicklung auf den Raum der Brutkugel beschränkt, so wäre ein schnelles Weiterwachsen des Volkes, dem durch die Trachtarbeit auch noch Verluste entstehen, nicht möglich, und das Einbringen der Juni- und Julitrachten bliebe unzureichend. Darum verläßt das Volk gegen Anfang Mai das bisher streng beachtete Gesetz im Aufbau der Brutkugel, und die Königin sucht nun, da die Außenwärme es gestattet, auf den Waben über und neben der bisherigen Brutkugel leere Zellenflächen, um hier neue, zusätzliche Brutfelder, ebenfalls in konzentrischen Kreisen, anzulegen.

Bei allen Arbeiten im und am Bienenvolke muß der Imker bestrebt sein, die Brutnestordnung und damit die Brutentwicklung nicht zu stören. Ist eine Erweiterung des besetzten Brutraumes durch Hinzuhängen von Leerwaben erforderlich, so sind diese niemals zwischen die mit Brut besetzten Waben, also nicht in, sondern an das Brutnest zu setzen.

6. Die Entwicklung der jungen Königin

Bei einer Kontrolle der Bienenvölker Mitte Mai beobachtet der Imker, daß das Volk Weiselnäpfchen angeblasen hat, also Schwarmneigung zeigt. Das Volk ist recht stark und hat zudem viel verdeckelte Brut. Um es, so kurz vor der Frühsommertracht, nicht zum Schwärmen kommen zu lassen, wird seine Königin entnommen. Nach Bruder Adam ist in einem solchen Fall das Entnehmen der Königin das beste Mittel, das Schwärmen zu verhindern.

Das Volk ist nun weisellos. Es baut daher die noch von der alten Königin bestifteten Weiselnäpfchen oder Arbeitsbienenzellen zu richtigen Weiselzellen aus. Königinnen entwickeln sich wie Arbeitsbienen aus befruchteten Eiern.

Daß sich aus gleichen Eiern zweierlei Wesen, nämlich Königinnen oder Arbeitsbienen, entwickeln können, liegt einmal daran, daß ihre Wiegen (Arbeitsbienenzellen – Weiselzellen) verschieden sind; zum anderen daran, daß sie verschiedenes Futter erhalten. In den ersten beiden Tagen zwar werden die Jungmaden in den Arbeitsbienenzellen und Königinzellen mit dem gleichen eiweißreichen Futtersaft gefüttert. Vom dritten Tage an erhalten die Arbeitsbienenmaden zusätzlich Pollen ins Futter, die Königinmaden jedoch werden bis zu ihrer Verpuppung weiterhin nur mit reinem Weiselfuttersaft versorgt.*

Abb. 7: Schematische Darstellung der durchschnittlichen Entwicklungszeiten und -stadien von Königin, Arbeiterin und Drohn

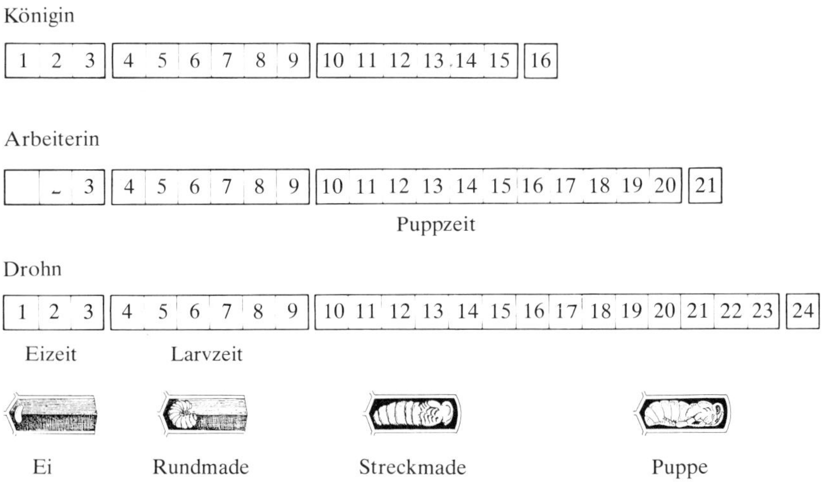

* Ausführlicher dargestellt in: Edmund Herold, Neue Imkerschule, Seite 27 ff.: Vom Leben der Biene.

7. Die Begattung der jungen Königin

Einige Tage nach dem Schlüpfen aus der Weiselzelle fliegt die junge Königin aus, um sich hoch in der Luft von Drohnen begatten zu lassen. Nach einem Naturgesetz ist die Begattung der Akt, die Art gesund und widerstandsfähig zu erhalten und nach Möglichkeit zu verbessern. Darum geht im tierischen Bereich der Paarung oft Kampf und Auslese voraus, um die Zusammenführung von Schwachen und Kranken hart und unbarmherzig auszuschalten und gleichzeitig durch Kreuzung das Beste, Gesündeste und Lebenswerteste vererben zu lassen.

Auch unser Bienenvolk ist diesen Gesetzen unterworfen, und deshalb wird die Bienenkönigin niemals im Inneren der Beute begattet. Um ihre eigene Flugfähigkeit, die sie ja vererben soll, zu beweisen und um aus der großen Zahl der Drohnen die besten und stärksten und kühnsten im freien Spiel der Kräfte zu gewinnen, findet die Begattung während des Fluges in der freien Luft statt.

In den Tagen nach dem Schlüpfen ist die junge Königin oft auf dem Flugbrett. Sie schwingt sich auch in die Luft und fliegt in kleinen Kreisen, das Gesicht zur Beute gekehrt, um sich das Außenbild der Beute und ihrer Umgebung einzuprägen. Dabei kehrt sie wie zu Landeübungen zwei- oder dreimal auf das Flugbrett zurück. Dann aber entfernt sie sich schnell in den Luftraum. Ihre Begattungsbereitschaft verbreitet sich wie ein ganz schwaches Fluidum, das von den Drohnen mit ihren äußerst feinen Witterungsorganen wahrgenommen wird. Aus Nachbarstöcken, und selbst aus solchen in mehreren Kilometern Entfernung, fliegen sie herbei. Bald folgt der Königin ein Schwarm von Drohnen. Die Königin entfaltet ihre Flugkräfte, der Drohnenschwarm hinter ihr wird rasch kleiner, denn schwächliche Flieger sind zurückgeblieben. Nur einige kräftige Drohnen folgen ihr nach, einer ist der Königin am nächsten. Er scheint an Flugkraft auch der Königin überlegen. Nun hat er sie erreicht. Er umklammert sie. Die Flügel können keine Flugbewegung mehr machen. Der bisherige Schwung trägt die Verklammerten noch ein Stück, dann fallen sie abwärts. Nach wenigen Sekunden des Fallens löst sich die Königin mit einem Ruck. Es durchzuckt und durchkrampft den Drohn, denn ein Teil seiner Eingeweide ist ihm aus dem Körper gerissen. Er hat Leben weitergegeben und im gleichen Augenblick den Tod gefunden. Die Königin fliegt weiter, bis andere Drohnen sie erjagen.

Etwa 20 Minuten später erscheint die Königin wieder vor der Wohnung ihres Volkes. Auch jetzt fliegt sie einige Kreise, um sich zu überzeugen, daß sie ihren eigenen Stock wiedergefunden hat. Bald landet sie auf dem Flugbrett. Am Ende ihrer Scheide hängt noch ein Rest von den Eingeweiden der Drohnen, das Begattungszeichen. Die Königin verschwindet nun im Stock. Es ist zugleich ihr Abschied vom Sonnenlicht. Sie wird fortan im Dunkel des Stockes, in den engen Wabengassen, im dichten Bienengedränge ihr Leben verbringen, den Sonnenschein nicht mehr wiedersehen, es sei denn, daß sie im nächsten oder übernächsten Sommer mit einem Schwarm wieder ins Freie zieht.

Die Rückkehr der Königin bedeutet für das Volk die Sicherung seiner Zukunft. Alle Arbeitsbienen sind von neuer Lebensfreude ergriffen, die sich in Ar-

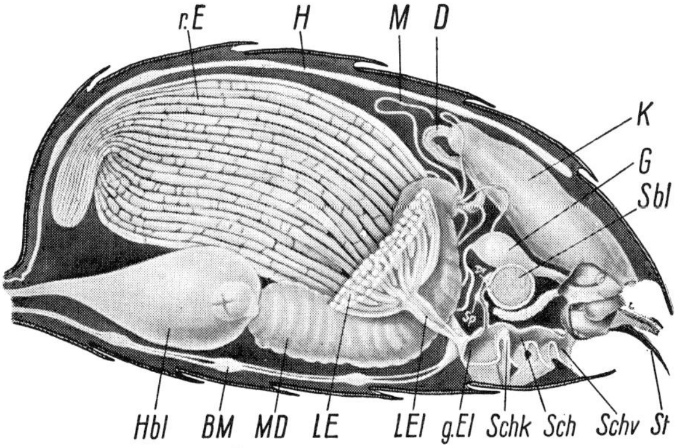

Abb. 8: Hinterleib einer legenden Königin (linker Eierstock teilweise entfernt, Samenblase und Scheide im Schnitt). rE = rechter Eierstock, H = Herzschlauch, M = Malpighische Gefäße (Nierenschläuche), D = Dünndarm, K = Kotblase, G = Giftblase, Sbl = Samenblase, St = Stachel, Schv = Scheidenvorhof, Sch = Scheide, Schk = Scheidenklappe, gEl = gemeinsamer Eileiter, l El = linker Eileiter, l E = linker Eierstock, MD = Mitteldarm (Verdauungsmagen), BM = Bauchmark (Nervenstrang), Hbl = Honigblase. In der Zeichnung: Sp = Samenpumpe, Dr = Anhangdrüse

beitseifer und Schaffenslust kundtut. Ihre Königin trägt das Leben für Generationen von Arbeitsbienen und auch das Leben für neue Drohnen in sich und, wenn es notwendig sein sollte, auch für neue junge Königinnen. Nun erst ist das Wagnis des Schwärmens und die damit verbundene Gefahr möglichen Untergangs beendet. Mit der Heimkehr der jungen Königin ist das Weiterleben des Volkes gesichert.

Früher nahm man an, daß die Königin nur von einem Drohn begattet wird, doch 1954 konnte *Dr. Ruttner* den experimentellen Beweis der „Mehrfachpaarung“ erbringen. Er stellte fest, daß ein Drohn im Durchschnitt 1,7 mm^3 männlichen Samen hat, daß bei den vom Hochzeitsflug zurückgekehrten Jungweiseln sich jedoch oft 20 mm^3, im Durchschnitt 12 mm^3 in der Samenblase befanden. Daraus konnte man schließen, daß eine Jungkönigin 6- bis 9mal begattet wird. Diese Mehrfachpaarungen finden in der Regel auf zwei bis drei Ausflügen statt.

Die begattete Königin ist in der Lage, befruchtete und unbefruchtete Eier zu legen. Aus befruchteten Eiern entstehen Arbeitsbienen, und es können – wie bereits dargelegt – auch Königinnen werden. Bringt man ein befruchtetes Ei aus einer Arbeitsbienenzelle in eine Königin- bzw. Weiselzelle, so entwickelt sich aus diesem Ei eine Königin. Setzt man dagegen ein Ei oder eine ein- oder zweitägige Jungmade aus einer Königinzelle in eine Arbeitsbienenzelle, so wird eine Arbeitsbiene daraus. Aus unbefruchteten Eiern werden nur Drohnen.

Das Legen dieser zweierlei Eier ist ein rein mechanischer Vorgang. Im Hinterleib der Königin liegen die beiden Eierstöcke, die in die Legeröhre münden.

Abb. 9: Die Königin und ihr Gefolge

An die Legeröhre ist die kleine Samenblase angeschlossen. In der Samenblase liegen die männlichen Samenfäden, die die Königin bei der Begattung empfangen hat. Nach mikroskopischen Untersuchungen sollen in der Blase über eine Million Samenfäden enthalten sein. Die Königin kann die Samenflüssigkeit bis an die Legeröhre herantreten lassen. Gleitet ein Ei in der Legeröhre hinab, so wird es von der Samenflüssigkeit benetzt und damit befruchtet. Hält die Königin die Samenflüssigkeit zurück, so gleitet das Ei unbefruchtet durch die Legeröhre in die Zelle.

Den Vorgang der Eiablage kann man in einem Glaskasten mit einer oder zwei Waben beobachten: Der Teil der Wabe, den das Volk für die Brut bestimmt, wird von den Jungbienen zunächst gereinigt und geputzt. Dazu kriechen die Bienen kopfüber in die Zellen, alle Winkel und Ecken werden fein gesäubert und mit Bienenspeichel benetzt, so daß sie wie lackiert glänzen. Nun erscheint die Königin mit ihrem Gefolge, 10 oder 12 Bienen, die immer um sie sind und gleichsam eine Rosette um sie bilden. Von Zeit zu Zeit kommt eine Biene dicht an die Königin heran, Mund an Mund, um ihr köstlichen Futtersaft zu reichen.

Die Königin hat nicht Zeit, den Honig selbst aus den Zellen aufzunehmen. Die Begleitbienen reichen ihr deshalb nicht nur Honig, sondern aus Honig und körpereigenen Eiweißstoffen hergestellten Futtersaft. Dadurch werden die Verdauungsorgane der Königin entlastet und die Eierstöcke so gut mit Nährstoffen versorgt, daß sie laufend die winzigen Eier bilden können.

Das Ablegen der Eier auf dem Zellgrund gleicht einer kleinen Turnübung. Die Königin steckt zuerst den Kopf in die Zelle, um sich zu überzeugen, daß sie gut gereinigt und vorbereitet ist. Dann richtet sie sich auf, kriecht ein Stück über die Zelle hinweg und senkt ihren schlanken Hinterleib tief hinein, um auf den Grund der Zelle ein Ei abzusetzen. Dabei stützt sie sich auf ihre Hinterbeine und klammert sich mit dem vorderen Beinpaar an den Rändern der davor liegenden Zelle fest. So geht es von Zelle zu Zelle immer im Kreis um das begonnene Brutfeld herum, das mit jeder Runde an Umfang zunimmt.

Am ersten Tage steht das stäbchenähnliche Ei senkrecht auf dem Zellboden, am zweiten neigt es sich ein wenig abwärts, und am dritten Tage liegt es flach am Grund der Zelle. Die Arbeitsbienen versorgen jede dieser bestifteten Zellen mit einem Tröpfchen besten Futtersaftes, denn bereits am vierten Tage hat sich eine winzige hungrige Made aus dem Ei entwickelt.

8. Die Arbeitsbiene

Die Arbeitsbienen bilden die große Mehrheit im Bienenvolk: 10000 bis 12000 im Winter, 60000 bis 80000 im Sommer. Sie entwickeln sich, wie die Königin, aus befruchteten Eiern und sind, gleich der Königin, weibliche Wesen, jedoch sind ihre Geschlechtsorgane und die Eierstöcke verkümmert.

Das Leben einer Arbeitsbiene läßt sich in drei Abschnitte einteilen:

a) die Entwicklung vom **Ei** bis zum **Schlüpfen** – sie dauert 21 Tage;

b) die Zeit als Arbeitsbiene im **Stock** – sie dauert ebenfalls 21 Tage; und

c) die Zeit als **Trachtbiene** – sie dauert etwa 30 Tage.

Zu **a)**: Die Entwicklung vom **Ei** bis zum **Schlüpfen** erläutert die Zeichnung auf Seite 17.

Zu **b)**: Während der **Stockzeit** sind von den Arbeiterinnen viele Arbeiten zu verrichten: die Pflege der Maden, die Reinigung der Zellen, das Verdeckeln der Brut, das Wärmen der Brut, die Abnahme des hereinkommenden Nektars und die Honigbereitung daraus, der Zellenbau und der Wachdienst am Flugloch. Könnte man, ohne zu stören, in den Stock hineinschauen, so würde man einen vielseitigen Betrieb, ähnlich dem in einer menschlichen Fabrik, wahrnehmen. Doch der Ablauf der Arbeiten ist im Bienenstock anders. In der Fabrik geht der Gegenstand, an dem gearbeitet wird, am laufenden Band von einer Arbeitsgruppe zur anderen weiter, bis er fertig ist. Im Bienenvolk ist es umgekehrt: Die Arbeit bleibt hier mehr oder weniger an ihrem Platz, dafür wandern die Arbeitsgruppen in gewissen Zeitabständen von Arbeitsplatz zu Arbeitsplatz, ohne Kommando, geleitet von der Entwicklung ihrer Organe, insbesondere ihrer Drüsen.

Die vor zwei Tagen geschlüpften Jungbienen z.B. füttern vom 3. bis zum 6. Tage die älteren Maden mit Honig und Pollen aus den Stockvorräten. Inzwischen haben sich in ihrem Körper die Futtersaftdrüsen entwickelt, so daß sie imstande sind, die allerjüngsten Maden und die Königin mit eiweißreichem Futtersaft zu versorgen. Nach dem 10. Lebenstag bilden sich die Futtersaftdrüsen zurück, und die Bienen übernehmen andere Arbeiten: z. B. das Verdeckeln und Wärmen der Brut. Die Wärme in den Brutzellen muß konstant 35 Grad betragen. In den geschlossenen Zellen vollzieht sich die geheimnisvolle Umwandlung von der Made zur fertigen Biene.

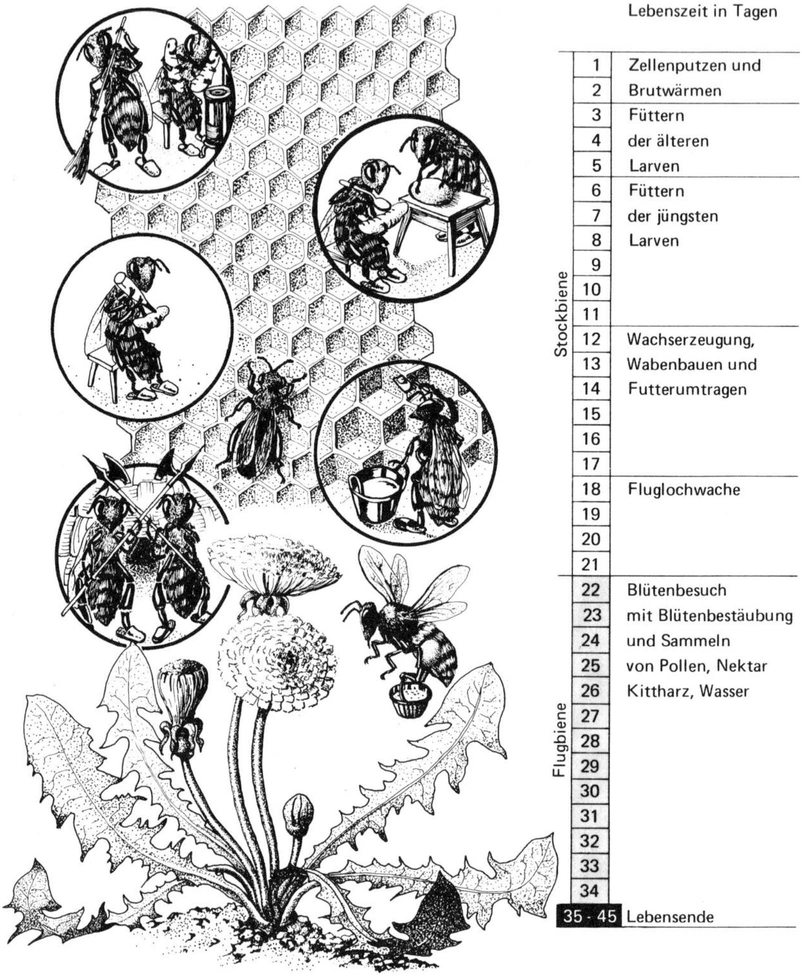

Abb. 10: Aufgaben der Arbeiterinnen im Sommerhalbjahr

Voraussetzung für die Aufnahme der Bautätigkeit ist die Entwicklung der Wachsdrüsen.

In den zweiten 10 Tagen unternehmen die Stockbienen bereits kurze Orientierungsflüge ins Freie. Sie schaffen dabei auch Wachsteilchen, die von den Zellen, aus denen die Jungbienen schlüpfen, auf den Boden fallen, hinaus, ebenso tote Bienen oder auch Wachsmotten, die sich eingeschlichen haben.

Eine weitere Arbeit ist die Behandlung der Nektar- und Pollenvorräte, die von den Trachtbienen hereingebracht werden. Eine bestimmte Arbeitsgruppe der Stockbienen nimmt den Trachtbienen den Nektar vom Mund ab, füllt ihn in die Zellen, lagert ihn mehrmals um und dickt ihn ein, so daß er unbegrenzte Haltbarkeit bekommt. Andere stampfen den lose in die Zellen abgestreiften Blütenstaub mit Kopf und Mundwerkzeugen fest.

Zu **c)**: In der Regel werden die Arbeitsbienen nach 21 Tagen Arbeit im Stock **Trachtbienen**. Es kommt jedoch oft vor, daß Gruppen dieser Stockbienen, besonders bei guter Tracht, schon einige Tage vorher als Trachtbienen ausfliegen. Die Trachtbienen saugen den Nektar vom Blütengrund in den Honigmagen. Den Pollen bürsten sie zunächst zwischen die Härchen an dem hinteren Beinpaar.

Beim Trachteinholen kommt es wesentlich auf die Stärke des Volkes an. Im zeitigen Frühjahr, nach der Auswinterung, ist das Volk etwa 10000 bis 12000 Bienen stark. Davon fliegt bei Trachtwetter etwa $^1/_3$ bis $^1/_2$ in die Tracht. Der Rest bleibt im Stock und ist mit Brutpflegearbeiten beschäftigt. Die 3000 bis 4000 Trachtbienen können nicht einmal so viel hereinbringen, wie Brut und Stockbienen brauchen. Sie zehren in dieser Zeit zusätzlich von den winterlichen Stockvorräten. Mitte Mai zählt das Volk bereits rund 40000 Bienen. Davon sind etwa 10000 Stockbienen und 30000 Trachtbienen. Die Trachtbienen bringen nun bereits so viel Nektar und Pollen heim, daß der Haushalt des Volkes ausgeglichen ist. Anfang Juni ist das Volk etwa 60000 Bienen stark. Die Stockbienen sind an Zahl nur unwesentlich gestiegen, doch die Zahl der Trachtbienen beträgt jetzt annähernd 50000. Sie bringen jetzt mehr herein, als das Volk braucht, und sammeln den Überschuß im Honigraum. Der Ertrag für den Imker hängt also von der Stärke des Volkes ab.

9. Die Drohnen

Der Drohn ist das männliche Geschlechtswesen im Organismus Bienenvolk. Die Drohnen sind im Volke aber nur von Anfang Mai bis einschließlich August vorhanden, also in der Zeit, in der Völker umweiseln oder schwärmen, sich also mit Jungweiseln versorgen müssen.

Die Drohnen entwickeln sich aus unbefruchteten Eiern. Im August geht das Volk daran, die Drohnen hinauszudrängen. Sie sterben außerhalb des Volkes. Die Imker nennen diese Maßnahme **Drohnenschlacht**. Beobachtet der Imker in einem Volke noch im September oder gar Oktober Drohnen, so kann er daraus schließen, daß das Volk weisellos ist. Das Volk behält in einem solchen Falle die Drohnen in der Hoffnung, daß es vielleicht doch noch eine Jungkönigin heranziehen kann.

Die Entwicklung des Drohns ist durch die Darstellung auf Seite 17 veranschaulicht.

10. Vom Gesichts-, Geruchs- und Tastsinn der Arbeitsbiene

Abb. 11: Der Sichtbereich der Farbenreihe ist für die Biene im Vergleich zum Menschen nach der Seite der kürzeren Wellen hin verschoben. Wellenlänge in millionstel Millimeter.

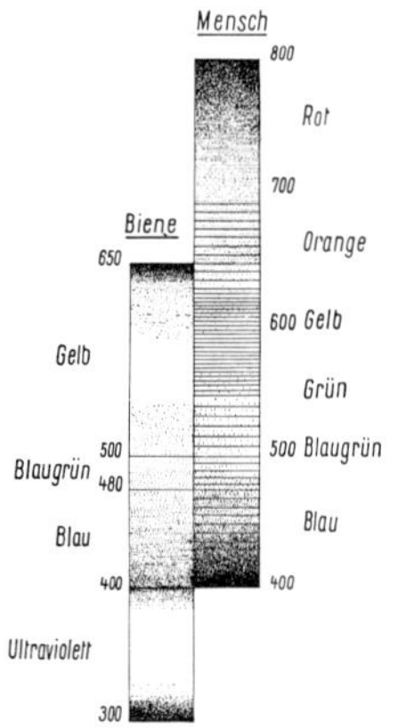

Die Biene hat fünf Augen, zwei große zu beiden Seiten des Kopfes und drei kleine winzige Punktaugen, die oben auf dem Scheitel sitzen. Welche Aufgaben und Funktionen diese Scheitelaugen haben, ist bis heute noch nicht geklärt. Man vermutet, daß sie den Bienen anzeigen, von welcher Seite das Licht kommt.

Die beiden gewölbten Seitenaugen am Kopf sind Facettenaugen. Jedes Auge besteht eigentlich aus rund 5000 keilförmigen Augen, die nach dem Innern zu in einem Punkt zusammenlaufen und von denen jedes beste Sehkraft besitzt. Die Lichtstrahlen, die von den Gegenständen draußen senkrecht in die Facetten fallen, geben auf dem Grund des Auges kleinere Teilbilder wieder, die sich dort zu einem ganzen Bild zusammenfügen.

Bei der Verrichtung der Stockarbeiten im Finstern läßt sich die Biene allein vom Geruchs- und Tastsinn leiten. Sitz dieser beiden Sinne sind die Fühler.

Wird die Arbeitsbiene nach etwa 20 Tagen Stockzeit zur Trachtbiene, sind Gesichts- und Geruchssinn für sie von gleich großer Bedeutung.

Von weitem leuchtet die blühende Wiese, das weißrosa Blühen des Obstgartens, der brache Acker mit Löwenzahn, Hederich und anderen gelbblühenden Unkräutern. Das Bienenauge nimmt diese Farbsignale schon von weitem wahr und lenkt die Biene zu schnellem Flug dorthin. Sie hat bisher an Löwenzahnblüten gesammelt. Der beobachtende Imker sieht, wie sie in Eile auf das ebenfalls gelbblühende Hederichbüschel zufliegt. Doch da stutzt sie plötzlich, 10 cm vor der Blüte! Der Duft ist ja nicht vom Löwenzahn! Sie wendet sich also ab und landet auf einer Löwenzahnblüte. Eine andere Biene hat bisher auf Hederichblüten gesammelt. Sie wendet, durch den Geruch gelenkt, sich von der Löwenzahnblüte ab und bleibt bei Hederich. Der Gesichtssinn lenkt von weitem zum Blütenfeld hin – der Geruchssinn befähigt die Biene, **blütenstetig** zu sein. Ohne diese Eigenschaft könnte die Biene nicht die große Befruchterin der Natur sein.

11. Das Farben- und Formensehen der Arbeitsbiene

Die Blüten locken die Bienen mit bunten Farben an und bieten ihnen Nektar und Pollen an. Farbe, Nektar und Pollen sind die Bindeglieder zwischen Biene und Blüten zu beider Vorteil.

Wissenschaftliche Versuche haben ergeben, daß das Bienenauge die Farbenskala anders sieht als das Menschenauge. Zum Beispiel kann das Bienenauge ein klares Scharlachrot nicht als rot erkennen. Rot erscheint ihm als dunkelgrau oder schwarz. Wie die Erfahrung lehrt, wird aber z. B. Rotklee und auch roter Mohn von Bienen doch beflogen. Die Erklärung: Rotklee hat als Blütenfarbe nicht nur Rot, sondern auch Blau in seinen Blütenblättern. Die Rotkleeblüte erscheint dem Bienenauge daher blau. Der rote Klatschmohn reflektiert aus dem Sonnenlicht auch Ultraviolett, und darum sieht das Bienenauge den Mohn nicht rot, sondern ultraviolett, was wir mit unserem Auge nicht wahrnehmen können. Zinkweiß sehen die Bienen als blaugrün, Bleiweiß wie wir als weiß. Für das Bienenauge am leichtesten zu erkennen und zu unterscheiden sind die Farben Gelb, Blau, Weiß und Schwarz.*

Um den Bienen das Zurückfinden in ihre Beuten zu erleichtern, wird der Imker die Beutenfronten oder auch nur das Flugbrett mit einem Halbkreis um das Flugloch in wechselnder Folge mit den genannten Farben streichen.

Auch **das Formensehen der Bienen** ist – wie das Farbensehen – anders als das der Menschen. Nach Karl von Frischs Feststellungen können die Bienen jede einzelne Figur der folgenden Reihe als solche erkennen.

Abb. 12:

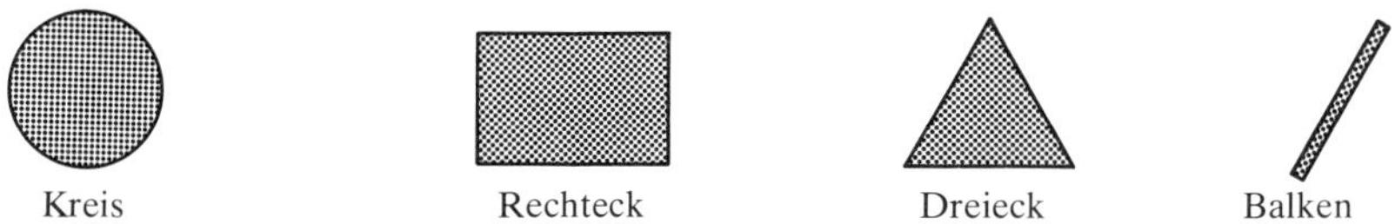

Werden ihnen jedoch alle vier Figuren der Reihe vorgestellt, so verwechseln sie die Figuren untereinander. Es würde daher für das Bienenauge verwirrend wirken, wollte der Imker vier nebeneinander stehende Beuten mit diesen vier einfach gegliederten Figuren kennzeichnen.

Auch die vier stark gegliederten Figuren erkennt das Bienenauge einzeln als solche, verwechselt sie aber, wenn sie als Reihe vorgestellt werden. Wohl aber kann das Bienenauge eine einfach gegliederte Figur von einer mehrfach gegliederten unterscheiden.

Abb. 13:

* Vgl.: Karl von Frisch, »Aus dem Leben der Bienen«; Büdel/Herold, »Biene und Bienenzucht«: Die Sinne der Bienen, S. 28 ff.

Nach diesen Erkenntnissen wäre es richtig, die Ausflugsfronten der Beuten zusätzlich zu den farbigen Markierungen durch eine dieser Figuren, etwa in dieser Reihenfolge, zu kennzeichnen:

Abb. 14:

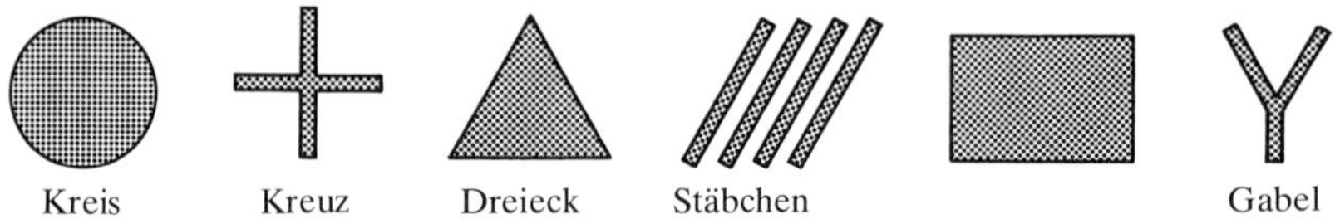

Im allgemeinen genügen **Farben** zur Kennzeichnung der Beuten. Für besondere Fälle, z. B. wenn eine junge Königin zur Begattung ausfliegen soll, kann ihre Beute zusätzlich durch **Gegenständliches** gekennzeichnet werden. Zu diesem Zweck legt man einen kinderfaustgroßen Stein auf das Flugbrett neben das Flugloch oder rahmt das Flugloch durch kurze belaubte Zweige ein, die man in die Fugen zu den Nachbarbeuten steckt, so daß das Flugbrett wie eine kleine Laube wirkt.

12. Die Sprache der Bienen

Unter den Bienen bestehen erstaunliche Verständigungsmöglichkeiten. In der Schwarmzeit hört man oft die **Töne** »tüüüt-tüüüt« und »quaak-quaak«. Das ist ein Gespräch zwischen zwei Königinnen. Das »Tüüüt-tüüüt« stammt von der alten Stockmutter oder (nach dem Vorschwarm) von einer bereits geschlüpften Jungkönigin, während das dumpfer klingende »Quaak-quaak« von einer jüngeren Königin kommt, die noch in der geschlossenen Zelle steckt. Die noch in der Zelle steckende Jungkönigin möchte gerne schlüpfen, doch sie darf die sichere Zelle erst verlassen, wenn die bereits geschlüpfte Königin nicht mehr im Stock ist, da sie sonst von dieser Nebenbuhlerin angegriffen und abgestochen werden würde. Die sich auf den Waben frei bewegende Königin antwortet auf das »Quaak-quaak« mit scharfem »Tüüüt-tüüüt« und sagt damit: »Ich bin noch da! Bleib in der Zelle, deine Zeit ist noch nicht gekommen!«

Die Trachtbienen haben andere Möglichkeiten der Nachrichtenübermittlung. Die im Stock wartenden Sammlerinnen erkennen mit ihrem überaus feinen Riechorgan, an welchen Trachtpflanzen die hereinkommenden Bienen gesammelt haben. Auch der am Haarkleid haftende Pollen ist ihnen ein sicheres Erkennungszeichen.

Der **Duft** ist jedoch nur ein Bestandteil der Bienensprache. Karl von Frisch beobachtete, daß die mit vollem Honigmagen zurückkehrenden Bienen auf den Waben eine Art Tanz aufführten, während sie den Nektar tropfenweise an die Stockbienen abgaben. Befindet sich z. B. der Nektar spendende Blütenbaum in der Nähe des Stockes, in etwa 50 bis 80 m Entfernung, werden die im Stock wartenden Sammlerinnen durch **Rundtänze** darauf hingewiesen.

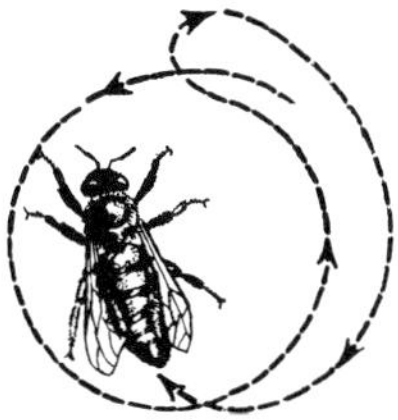

Abb. 15: Rundtanz für Tracht in der Umgebung

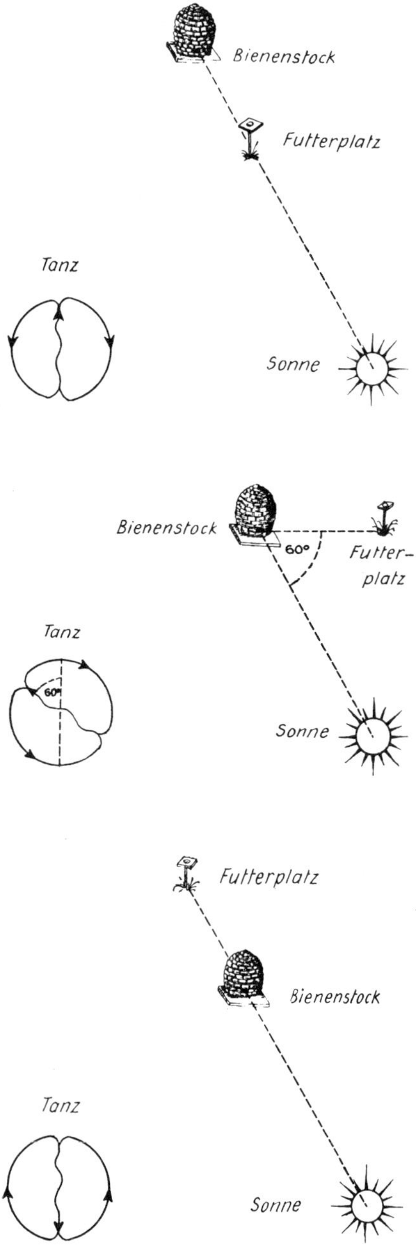

Abb. 16: Schwänzellauf auf der Wabe mit Kopf nach oben heißt: ‚Sucht in der Richtung zur Sonne!', 60° nach links: ‚Sucht 60° links von der Sonnenrichtung!', Kopf nach unten: ‚Sucht entgegengesetzt zur Sonnenrichtung!'

Trachtquellen in größerer Entfernung werden durch *Schwänzeltänze* oder *-läufe* angezeigt. Bei diesen Schwänzeltänzen läuft die heimgekehrte Biene erst 3 bis 4 cm geradeaus, dann einen Halbkreis nach links, dann wieder die gerade Strecke und schließlich einen Halbkreis nach rechts. Das wiederholt sie einige Male. Auf der geraden Strecke schwänzelt die Biene hin und her. Die Entfernung der Tracht vom Stock wird durch das Tempo angegeben, in dem die Tanzfigur vollführt wird. Die Richtung der Schwänzelstrecke zeigt die Himmelsrichtung an. So heißt: Mittelstrecke nach oben = die Tracht ist in Richtung zur Sonne. Tanzt die Biene die Mittelstrecke mit dem Kopf abwärts, so ist die Tracht entgegengesetzt zur Richtung auf die Sonne zu suchen. Verläuft die Mittelstrecke des Tanzes in einem bestimmten Winkel auf der Wabe, so zeigt der Winkel den Stand der Sonne zum Trachtspender an.

13. Das Schwärmen der Bienen

Armbruster sagt: »Die ganze Schwarmangelegenheit bedeutet Fortpflanzung, Wachstum, Vermehrung ... Verhindern kann man diese Dinge nicht.«

Das Leben der Bienen, ihr gesamtes Verhalten, wie das Sammeln von Nektar und Pollen, das Pflegen der Brut, das Wabenbauen und auch das Schwärmen, wird von Naturtrieben bestimmt: von dem **Sammel-** oder **Trachttrieb**, dem **Brutpflegetrieb**, dem **Bautrieb** und dem **Schwarmtrieb**.

Im zeitigen Frühjahr, wenn draußen die ersten Blüten sich entfalten und das Wetter ein Ausfliegen erlaubt, erwacht der Trachttrieb. Er beherrscht fortan das Leben des Volkes. Die Königin legt Eier. Bei den im Stock verbleibenden Jungbienen entwickeln sich die Futtersaftdrüsen, sie bereiten den Futtersaft für die Maden. Andere werden durch die Entwicklung ihrer Wachsdrüsen zum Bauen neuer Zellen und damit zur Erweiterung der Brutanlagen gedrängt. Alle Glieder des Volkes sind auf Grund der Triebentwicklung tätig. In den ersten Frühjahrswochen ist es geradezu eine Lust, die Entwicklung der Völker zu beobachten. Die Tracht draußen und der Trachttrieb im Volk beherrschen in dieser Zeit ganz ihr Leben. Dem Trachttrieb eng verbunden sind dabei der Brutpflegetrieb und der Bautrieb.

Doch eine länger anhaltende Wetterverschlechterung und damit der Ausfall der Tracht kann einen Stillstand der Entwicklung bringen. Die Trachtbienen müssen das Ausfliegen einschränken oder ganz einstellen. Sie sitzen im Stock und sind zum Nichtstun veranlaßt. Das erweckt oft die Neigung zum Schwärmen.

Die Schwarmneigung kann auch ausgelöst werden, wenn der Raum für ein gut entwickeltes Volk zu eng geworden ist und die Bienen keine Möglichkeit zum Bauen haben.

In die gleiche Situation kann das Volk geraten, wenn es eine alte Königin besitzt. Königinnen im dritten Leistungsjahr lassen oft plötzlich mit der Legetätigkeit nach. Dann tritt bei den Pflegebienen durch die Verringerung der offenen Brut eine Futtersaftstauung ein, wie Gerstung feststellte. Außerdem nimmt das ganze Volk das Altsein und das allmähliche Versagen der Königin wahr. Junge und gesunde Königinnen im ersten und zweiten Leistungsjahr sondern ein Fluidum ab, das das ganze Volk durchweht und ihm Lebenssicherheit und Lebensmut vermittelt. Der englische Forscher Butler nennt dieses Fluidum »Königinsubstanz«.

Bei älteren Königinnen fehlt dieses Fluidum. Das veranlaßt das Volk, das auf die Sicherung seines Lebens bedacht ist, die alte Königin mittels Umweiseln durch eine junge zu ersetzen. Es legt Weiselzellen an. Meist bleibt es dann aber nicht beim Umweiseln. Sind mehrere Weiselzellen herangepflegt worden und ist das Volk stark genug, wird aus dem **Umweiseln** ein **Schwärmen**. Dabei zieht die alte Königin mit einem großen Teil der Bienen als **Vorschwarm** aus. Etwa 8 Tage später folgt ein **Nachschwarm** mit einer jungen Königin.

Der Rest des Volkes ist durch die zweimalige Abgabe von Bienen und durch das Fehlen neuer Brutanlagen schwach geworden. Der **Trachttrieb** ist abgeklungen, der **Schwarmtrieb** hat ihn besiegt. Wenn das Schwärmen Ende Mai oder Anfang Juni, kurz vor Beginn einer Haupttracht, erfolgt, dann bleibt diese ungenützt, und die Honigkübel des Imkers bleiben leer. Manche Imker brechen, um das Schwärmen zu verhindern, die angesetzten Weiselzellen aus. Doch das der Schwarmneigung verfallene Volk läßt sich dadurch nicht umstimmen. Es wird erneut Weiselzellen ansetzen und in der Zwischenzeit auf neue Schwarmgelegenheit warten.

Das Schwärmen läßt sich, wie Armbruster sagt, nicht verhindern, wohl aber kann der Imker der Schwarmneigung **rechtzeitig vorbeugen** und den Schwarmtrieb durch geeignete Maßnahmen nach seinem Willen lenken,

a) indem er seine Völker schon im Sommer des Vorjahres mit leistungsfähigen Königinnen versorgt,

b) indem er den Völkern rechtzeitig genügend Raum gibt,

c) indem er seine Völker viel bauen läßt.

(Näheres über die imkerlichen Maßnahmen siehe im Kapitel II, Abschnitt 8 dieser Imkerfibel.)

14. Die Zucht der Biene

Vor etwa 120 Jahren, also um 1850, begann ein neues Zeitalter der Bienenzucht, zunächst auf technischem Gebiet. Einige Beispiele sollen hier genannt werden, so die Erfindung des Bienenkastens mit einer Tür an der Rückseite und mit beweglichem Wabenbau – an Tragleisten – durch Dr. Johannes Dzierzon, die Erweiterung der Tragleisten durch Hinzufügen von drei weiteren Leisten zum Rähmchen durch Baron von Berlepsch, die künstliche Herstellung von Mittelwänden durch Mehring 1858, die Erfindung der Schleuder durch den ungarischen Major von Hruschka 1865, ferner die Erfindung neuer Arbeitsgeräte.

Gleichzeitig mit diesen Erfindungen, die die Bewirtschaftung in der Imkerei wesentlich förderten, hat sich aber die deutsche **Landbiene** selbst mehr oder weniger verschlechtert. Wir hatten in Deutschland seit Jahrhunderten eine einheitliche Bienenrasse, die deutsche Landbiene, die in langen Zeiträumen durch klimatische und sonstige Umweltbedingungen zu einer einheitlichen »geographischen Rasse« geformt worden war. Was den harten Umweltverhältnissen nicht gewachsen war, verschwand, nur das Widerstandsfähige und Brauchbare blieb erhalten. Durch Bemühungen der imkerlichen Wissenschaft und Praxis hätte sich aus dieser deutschen Landbiene durch Paarung und Auslese nach erstrebenswerten Zielen, also durch Zucht, eine beste bodenständige Biene schaffen lassen.

Anstatt diesen Weg der Zucht, ähnlich wie bei unseren übrigen Haustieren, zu gehen, führten die deutschen Imker damals fremde Bienenrassen, z. B. die gelbe Italiener, die Cyprische und die Kaukasische Biene, nach Deutschland ein. Eine Zeitlang war es Mode geworden, daß auf dem Stande neben den dunklen deutschen Bienen auch die gelben Italiener flogen. Der Altmeister Dr. Dzierzon aus

Karlsmarkt in Schlesien bezog 1850 ein Italienervolk, aus dem er weitere Italiener-Völker und besonders Italiener-Königinnen züchtete, die er an viele deutsche und ausländische Imker versandte. Noch kurz vor 1900 strebten sehr viele deutsche Imker nach Italiener-Königinnen, die sie auf ihren Ständen mit deutschen Bienen einsetzten.

Das dunkle Volk, dem man eine gelbe Königin hinzusetzte, bestand dann in wenigen Wochen nur noch aus gelben Arbeitsbienen und Drohnen. Sie demonstrierten damit, daß die Königin die Rasse des ganzen Volkes bestimmt, daß Königin und Volk eins sind.

Die ersten Kreuzungen der eingeführten fremdrassigen Königinnen mit der deutschen Landbiene brachten gute Erfolge. Die neuen Völker waren meist fleißiger und ertragreicher als die bisherigen Landbienen, bis man nach mehreren Generationen oft erlebte, daß diese Erfolge abfielen und die Völker mit ihrer Stechlust und Neigung zur Räuberei sich negativ verändert hatten.

Es zeigte sich, daß die Töchter einer reinrassigen Königin, gepaart mit Drohnen eines andersrassigen Volkes, meist gute Völker aufbauen und die Eigenschaften der reinrassigen Mutter, z. B. auch Fleiß und Sanftmut, voll zur Geltung bringen. Völker solcher Kreuzungen nennen wir die F1-Generation. Vermehrt man jedoch von diesen F1-Völkern weiter, zieht somit Königinnen der F2-, F3- oder gar F4-Generationen heran, verschwinden die guten Eigenschaften der F1-Generation. In solchen Bastardvölkern gibt es auffallend viele Räuber und Stecher und dazu geringe Erträge. Die deutschen Imker erlebten damals, daß **Verbastardierung** ein Abwärtsweg ist.

Kurz nach dem Ersten Weltkrieg setzte sich unter den bienenwissenschaftlichen Forschern und auch bei vielen praktischen Imkern die Einsicht durch, daß zur Hebung der Wirtschaftlichkeit in der Imkerei eine entschiedene Abkehr von der Rassenmischung erfolgen muß. Fortgesetzte Rassenmischung ohne harte Auslese nach einem bestimmten Ziel verschlechtert die Bienen. Das Ergebnis dieser Einsicht war, daß eine Verbesserung der Biene allein durch die Zucht von einheitlich veranlagten, reinrassigen Bienenstämmen erfolgen kann. Man erinnerte sich nun daran, daß in der Landwirtschaft, sei es bei Pflanzen oder Tieren, die Reinzucht eine wichtige Rolle spielt, daß unsere guten Obstsorten das Ergebnis züchterischer Bemühungen sind und auch die Farbenpracht vieler unserer Gartenblumen durch Züchtung erreicht worden ist.

Auch die Bienen sind unsere Haustiere. Auch sie können durch die Zucht in ihrer Wirtschaftlichkeit verbessert werden. Wissenschaftler und auch Praktiker haben festgestellt, daß es unter den Bienen besondere **Leistungsvölker** gibt, die allein auf Grund ihrer Veranlagung weit höhere Erträge liefern als andere Völker unter den gleichen Umweltbedingungen.

Die Organisation der Imker, der Deutsche Imkerbund (DIB), erkannte in diesen Einsichten eine wichtige Aufgabe für sich und gab, um die Zucht der Biene zu fördern, 1969 **»Richtlinien für das Zuchtwesen des Deutschen Imkerbundes«** heraus, die 1971 eine verbesserte Auflage erfuhren. In diesen Richtlinien heißt es u. a.:

»Der **Deutsche Imkerbund** erstrebt die Förderung der Bienenzucht. Ein wichtiger Teilbereich ist das Zuchtwesen. Die Zuchtrichtlinien sollen Weg und Ziel einer planmäßigen Bienenzüchtung kennzeichnen.«

»**Ziel der Bienenzüchtung** ist die Erzeugungsmöglichkeit leistungsfähiger, sanftmütiger und erbsicherer Bienenvölker durch Zucht von Königinnen und Drohnen mit wertvollem Erbgut.«

»Die **grundlegenden Züchtungsmethoden** der Tierzucht sind Reinzucht und Kreuzungszucht. In der Bienenzucht gilt als Kreuzungszucht die Paarung von Geschlechtstieren verschiedener (geographischer) Rassen. Sie kann entweder die Erzeugung von *luxurierenden* F1-Gebrauchskreuzungen oder die Schaffung von erbfesten Kombinationen (Reinzuchtköniginnen) zum Ziel haben. F1-Kreuzungen besitzen keine Erbsicherheit. Kombinationszüchtungen erfordern eine sichere Paarung, eine große Auslesebasis und eine lange Zeitdauer.«

»Die Zucht kann auf folgende Art und Weise erfolgen:

a) durch **anerkannte Reinzucht**; das ist die Zucht von Königinnen aus gekörten Muttervölkern und ihre Paarung durch Drohnen aus gekörten Gattenvölkern gleicher Rasse oder Linie auf einer anerkannten Belegstelle oder durch künstliche Besamung,

b) durch **kontrollierte Gebrauchszucht**; das ist die Zucht von Königinnen aus gekörten Völkern; die Paarung kann auf beliebige Weise erfolgen. Beide Wege können untereinander kombiniert werden.«

Soweit die Zuchtrichtlinien des DIB.

Die Reinzucht der Biene ist keine leichte Angelegenheit. Sie ist eine Wissenschaft für sich. Sie setzt nicht nur gründliches Studium der Erbgesetze voraus, sondern erfordert auch viel Können, viel Zeit und die Anschaffung von mancherlei Geräten für Versuche und Auslesearbeiten. Diese Aufwendungen und Belastungen sind den meisten Imkern, die die Imkerei neben ihrem Beruf als Landwirt, Handwerker, Angestellter oder Arbeiter betreiben, nicht zuzumuten. Es kann nicht jeder Imker ein Reinzüchter sein. Die Aufgabe und Durchführung der Reinzucht ist vor allem den bienenkundlichen Instituten und einer Elite praktischer Imker vorbehalten.

Eins aber sollte man von allen Imkern, auch von den Jungimkern, erwarten können, nämlich, daß sie, neben dem allgemeinen biologischen Grundwissen vom Bienenvolk, die Zuchtbestrebungen innerhalb der Organisation kennen.

Auf der Suche nach dem besten Ausgangsmaterial für die Zuchtarbeit des DIB boten sich zwei Bienenrassen an, die für unseren Raum und für unser Klima als gut befunden wurden: die **Krainer Biene**, einfach **Carnica** oder C-Biene genannt, und die **Nordbiene**, als **Nigra** oder N-Biene bezeichnet. Völker dieser beiden Rassen sind inzwischen über zahlreiche Generationen hin laufend von unseren Instituten und auch von privaten Züchtern auf ihre erbtreuen Veranlagungen, insbesondere auch auf ihre Leistungen, ihre Sanftmut und ihre Wabenstetigkeit überprüft, weitergezüchtet und für den deutschen Raum als bestgeeignet befunden worden, so daß nun der DIB in seinen Richtlinien diese beiden Rassen zur Zucht empfiehlt.

Die **Nigrabiene** hatte zunächst viele Freunde unter den Imkern. Sie ist eine kräftige, gedrungene Biene mit schmalen Filzbinden quer über den Leib.

Die **Carnicabiene** ist schlanker und feingliedriger als die Nigra. Sie besitzt graues Überhaar mit breiten Filzbinden. Ihr Verhalten ist von Natur her sanftmütig und wabenstet, dazu ist sie sehr fleißig, findig und anflugsicher. Die Carnica ist eine Frühbrüterin, die die Entwicklung des Volkes im Frühjahr stark vorantreibt. Nach Abschluß der Sommertracht neigt sie jedoch dazu, das Brutnest schnell einzuschränken oder die Bruttätigkeit ganz einzustellen, wenn bei Trachtlosigkeit in der Natur nicht rechtzeitig Reizfutter gegeben wird. Das Verbreitungsgebiet der Carnica ist Österreich, Krain, Kärnten und der Balkan. Sie neigt – wie auch die Nigra – zum Schwärmen, läßt sich jedoch durch geeignete Maßnahmen des Imkers leicht davon abbringen.

Obwohl anfangs viele Züchter in Deutschland die Nigra bevorzugten und erprobten, vermehren die Züchter heute zu schätzungsweise 95% die Carnica-Rasse, wie Dr. Dreher 1959 in der Westfälischen Imkerzeitung feststellte. Das beweist, daß die Carnica im größten Teil Deutschlands anderen Rassen wirtschaftlich eindeutig überlegen ist.

Inzwischen haben sich innerhalb der Carnicarasse einige Zuchtlinien bzw. Zuchtstämme herausgebildet. Einzelne Züchter der Carnica, die durch jahrelange Reinpaarung und Auslese innerhalb ihrer Carnicavölker besonders günstige Ergebnisse erzielten, meinten im Stolz auf ihre Zuchterfolge, einen besonders wertvollen Carnicastamm geschaffen zu haben, und gaben daher ihrer Zucht zusätzlich einen besonderen Namen.

Die bekanntesten vier Zuchtstämme der **Carnica** sind: **Troiseck**, **Peschetz**, **Hollersberg** und **Sklenar.**

Zwischen diesen Carnica-Zuchtstämmen bestehen im äußeren Aussehen und in bezug auf die Veranlagung der Biene kaum Unterschiede. Nach Ansicht des DIB sind daher Stammeskreuzungen innerhalb der Reinzucht durchaus zulässig.

Reinzucht und Nachzucht:

Die **Reinzucht** ist, wie ich bereits an anderer Stelle ausführte, das Bemühen, durch strenge langjährige Auslese aus dem vorhandenen Bienenmaterial durch Körung und durch Reinpaarung der Königinnen auf Belegstellen erbtreu veranlagte Jungköniginnen heranzuziehen. Die Durchführung der Reinzucht ist umständlich und arbeitsaufwendig, so daß nicht jeder Imker ein Reinzüchter sein kann. Reinrassige Jungköniginnen sind teuer, so daß es wirtschaftlich gesehen nicht empfehlenswert ist, alle Völker des Standes mit Reinzuchtköniginnen zu versorgen. Auch diese Reinzuchtköniginnen müßten ja, wie andere Königinnen auch, alle zwei Jahre erneuert werden.

Es gibt jedoch einen Weg, der es jedem Imker, auch dem kleinsten und dem mit Berufsarbeit belasteten, ohne Benutzung einer Belegstelle und ohne erhebliche Unkosten ermöglicht, seinen Stand mit bestem Bienenmaterial, d. h. mit besten Leistungsvölkern zu versorgen, nämlich die **Nachzucht**. Es ist eine Erfahrungssache, daß junge Königinnen, die Töchter reinrassiger Mütter sind, in der

Regel beste Wirtschaftsvölker aufbauen, auch wenn sie von Drohnen unbestimmter Herkunft, evtl. von Drohnen des eigenen Standes, begattet werden.

Hat der Imker nur eine von einem Züchter bezogene Edelkönigin auf seinem Stande oder bekommt er Zuchtstoff aus dem Edelvolk eines Nachbarimkers, so kann er sich davon in einem Pflegevolk eine Anzahl Jungköniginnen nachziehen und sie von Drohnen des eigenen Standes begatten lassen. Diese Jungköniginnen gehören der F1-Generation, nämlich der ersten Tochtergeneration der reinrassigen Mutter an. Diese F1-Königinnen liefern meist gute Wirtschafts- und Gebrauchsvölker, die im Ertrag oft sogar besser sind als Reinzuchtvölker und Sanftmut und Wabenstetigkeit zeigen. Der bekannte Bienenzuchtprofessor Dr. Ruttner, Direktor des Instituts für Bienenkunde in Oberursel im Taunus, sagt: »Die Züchtung der Biene vollzieht sich auf zwei Stufen:

1. Schaffung von reingepaarten Königinnen als Zuchtmüttern (Reinzucht),

2. Aufzucht von standgepaarten Töchtern solcher Königinnen als Wirtschaftsköniginnen (Nachzucht).

Beide Gruppen haben getrennte Aufgaben. Es wäre falsch, reingezüchtete Königinnen nicht zur Zucht, sondern nur für Honigvölker zu verwenden, und es wäre ebenso falsch, von den standgepaarten Königinnen weiter zu züchten.«

Diese F1-Königinnen sind, auch wenn sie beste Leistungen zeigen, nicht zur weiteren Nachzucht zu benutzen. Völker der F2-, F3- oder gar der F4-Generation sind meist Versager in der Leistung und oft auch noch üble Stecher.

Beim Züchten nach der besten Leistung wird durch weitgehend unkontrollierte Kreuzung eine Aufspaltung der Anlagen der Biene bewirkt, so daß sie sich vom Idealbild der Reinzuchtkönigin mehr und mehr entfernt. Die Zuchtauslese nach Leistung und Sanftmut hat nur bleibenden Wert, wenn sie auf reinrassiger Grundlage erfolgt. Dr. Ruttner und Dr. Goetze haben wiederholt festgestellt, daß Erbtreue in bezug auf Leistung und Sanftmut ohne strenge Körung nach reinrassigen Körpermerkmalen Zufallstreffer ohne bleibenden Wert darstellen. Dr. Freudenstein begann 1931 von einem reinrassigen Carnicavolk Königinnen nachzuziehen. Die Zuchtauslese erstreckte sich nur auf Leistung. Der Anfang war ein reinrassiges Carnicavolk, die Weiterzucht erfolgte von den ertragreichsten Töchtern, Enkeln usw. Mit jeder verkauften Königin schickte er einen Fragebogen an den betreffenden Imker mit der Bitte um Bericht, wie das von dieser Königin aufgebaute Volk hinsichtlich der Leistung im Verhältnis zu den Völkern des Standes abschnitt. Die Fragebogenberichte ergaben, daß in den ersten zwei Jahren die Erträge der Zuchtköniginnen über dem jeweiligen Standdurchschnitt lagen. In den nachfolgenden Jahren ergaben die Berichte jedoch einen stetigen Abfall der Leistungen, so daß am Schluß dieser etwa 10jährigen Zuchtarbeit die Erträge gerade noch diejenigen der Landbienen erreichten, zum Teil aber darunter lagen. Das war das Ergebnis einer mehrjährigen **»Zucht vom besten Volk«**, einer Zucht nach dem Prinzip der Leistung, ohne daß zugleich eine ständige Auslese nach Reinrassigkeit durchgeführt wurde. Die Auslese (Körung) ist nicht das eigentliche Zuchtziel. Das Zuchtziel heißt Leistung und Sanftmut; hinzutreten aber muß die Auslese nach reinrassigen Körpermerkmalen. Diese Auslese ist das Mittel, die erzielten Veranlagungen Leistung und Sanftmut erbtreu zu gestalten und zu erhalten. Dr. Goetze schrieb dazu: »Die ermittelten Körpermerkmale sind niemals als unmittelbare Leistungskennzeichen zu betrachten. Sie haben lediglich den Wert eines zuverlässigen Prüfmittels für die Rassenreinheit.«

Ergänzend sei noch darauf hingewiesen, daß die Drohnen der F1-Königinnen, also der Töchter von Reinzuchtköniginnen, trotz der Standbegattung reinrassig sind. Drohnen haben ja »keinen Vater«. Gelingt es dem Imker, alle Völker seines Standes mit F1-Königinnen umzuweiseln, so gehören die Völker, d.h. das Gros der Arbeitsbienen und die Königin, der F1-Generation an, sind also erste Kreuzung, doch alle Drohnen des Standes sind reinrassig. Bei nächstjährigen Umweiselungen werden somit bei den Standbegattungen überwiegend reinrassige Drohnen fliegen. Gelingt es, die ansässigen Imker einer Gegend zu veranlassen, ihre Stände mit Carnicavölkern der F1-Generation umzuweiseln, dann entsteht dort zum Vorteil aller in kurzer Zeit ein **Reinzuchtgebiet.**

15. Bienenkrankheiten und Bienenschädlinge

In jedem Bieneninstitut arbeiten Wissenschaftler ständig daran, krankheitsverdächtige Bienenvölker mittels eingesandter Bienenproben zu untersuchen und immer bessere Abwehrmittel gegen Krankheiten und Schädlinge zu finden. In jedem Imkerverein ist ein Imker als Sachverständiger eingesetzt, der notfalls persönlich auf dem betreffenden Bienenstand erscheint, um einzelne Völker zu untersuchen und den Imker zu beraten.

In dieser Imkerfibel kann zu den Fragen der Bienenkrankheiten und Bienenschädlinge nur in gedrängter Form Stellung genommen werden. Dennoch mag die Vielzahl der notwendigen Abwehrmaßnahmen und sonstigen imkerlichen Verpflichtungen den Anfänger womöglich entmutigen. Dazu sei gesagt, daß der Verfasser dieses Buches in den über 50 Jahren seiner Imkerpraxis noch nicht eine einzige Bienenkrankheit auf seinem Stand hatte – und das ist gewiß kein Ausnahmefall. Es besteht also kein Grund zu übertriebener Ängstlichkeit.

Jeder Imker sollte jedoch die möglichen Krankheiten und Gefahren von vornherein kennen, um auf Grund dieser Kenntnis bei der Betreuung der Völker stets die notwendigen Vorsichts- und Vorbeugungsmaßnahmen zu beachten.

Die Faulbrut ist, wie der Name sagt, eine Erkrankung der Brut, und zwar der Bienenlarven. Der Erreger der Krankheit (**Bazillus larvae**) kommt mit der Nahrung in den Darm der Rundmade, wo er sich stark vermehrt. Kurz vor oder nach der Verdeckelung der Zellen stirbt die Larve ab, sinkt in sich zusammen und löst sich allmählich zu einem gelblichen Schleim auf. Die Zelldeckel fallen dann etwas ein und zeigen in der Mitte ein kleines Loch. Der schleimige Inhalt läßt sich mit einem Streichholz zu einem mehr oder weniger langen Faden ausziehen. (Das Streichholz ist nach der Probenahme sofort in Papier zu wickeln und später zu verbrennen!) Der Schleim trocknet allmählich zu Schorf ein, der auf der unteren Zellwand liegenbleibt. Ist die Larve verhältnismäßig früh abgestorben, bildet der Rest einen glatten Schorf. Waren bereits die Formen einer fertigen Biene zu erkennen, so bleibt der Rest als ein »rauher Schorf«, an dem man noch Rüssel und Beine erkennen kann. Der Schorf ist die übriggebliebene Chitinhaut der Larve. Ein einziger Schorf soll (nach Morgenthaler) 2,5 Milliarden Sporen enthalten.

In der Regel wird die Faulbrut erst dann vom Imker erkannt, wenn das Volk bereits geschwächt ist, z.B. wenn auf den nicht mehr belagerten Brutwaben nach dem Auslaufen der gesunden Brut Zellen mit eingefallenen Deckeln stehengeblieben sind.

Die Übertragung der Faulbrut von Volk zu Volk erfolgt durch die Bienen, aber auch durch den Imker. Die Bienen versuchen in ihrer Putzsucht, die infizierten Waben zu reinigen, beladen sich dabei mit Sporen und bringen sie beim Verfliegen auf die Flugbretter anderer Beuten. Auch manches Räubervolk, das sich in den meisten Fällen gegen geschwächte, d.h. auch kranke Völker richtet, hat sich die Faulbrut ins eigene Volk geholt. Der Imker wird zum Überträger der Krankheit, wenn er z.B. die Waben von eingegangenen Völkern bedenkenlos wieder verwendet. Auch sollte der Imker niemals gekauften Auslandshonig zum Füttern seiner Völker verwenden.

Die **Faulbrut** *ist nach den gesetzlichen Bestimmungen* **anzeigepflichtig!** Jedem Imker sei empfohlen, sich im Verdachtsfall umgehend an den Sachverständigen für Bienenkrankheiten im Imkerverein zu wenden, um sich bei ihm Rat und Weisungen zu holen.

Als weitere Bruterkrankungen sind zu nennen: die **Sauerbrut** (auch gutartige Faulbrut genannt), die **Sackbrut**, die **Kalkbrut** und die **Steinbrut**.

Diese Erkrankungen sind weniger gefährlich als die zuerst gekennzeichnete »bösartige Faulbrut«. Näheres darüber läßt sich in jedem imkerlichen Fachbuch nachlesen (vgl. auch Kapitel II, Abschnitt 2 dieser Imkerfibel).

Die Milbenseuche ist eine Erkrankung der erwachsenen Biene. Die Erreger sind kleine, zu den Spinnentieren gehörende Milben (**Acarapis woodi**), die sich in den Tracheen des Bienenkörpers, besonders im vordersten Luftröhrenpaar des Brustabschnittes, festsetzen, die Luftröhrenwände anstechen und auf diese Weise aus dem Bienenkörper Flüssigkeit als Nahrung aufsaugen. Die Milbenweibchen legen in den Luftröhren der Biene ihre Eier ab. Bald sind hier so viele Eier, Larven und Milben vorhanden, daß die Biene an Luftmangel leidet, schließlich flugunfähig wird und zugrunde geht. Viele Milbenweibchen wandern aus der Luftröhre aus, um sich bei anderen Bienen einzunisten. Herrscht längere Zeit ungünstiges Wetter, so daß die alten und kranken Bienen im Stock bleiben müssen, dann nimmt die Krankheit so überhand, daß das Volk schließlich zusammenbricht.

Es gibt mancherlei **Kennzeichen**, die auf das Vorhandensein der Milbenkrankheit schließen lassen:

a) Ruhrartiges Koten der Bienen in und um das Flugloch,

b) stärkerer Leichenfall während der Wintermonate,

c) starkes Auftreten von flugunfähigen Bienen während des Reinigungsausfluges. Die auslaufenden Bienen fallen vom Flugbrettchen hinunter, krabbeln auf der Erde herum und versuchen vergeblich aufzufliegen.

Bei Vorhandensein solcher Verdachtszeichen wendet sich der Imker umgehend an den **Sachverständigen für Bienenkrankheiten** *im örtlichen Imkerverein*, um nach seinen Weisungen das Einsenden von Bienenproben (30 tote bzw. flugunfähige Winterbienen in einer Streichholzschachtel mit Nummer des Volkes und Anschrift des Imkers) zur Untersuchung an das zuständige bienenkundliche Institut vorzunehmen. Die Milbenseuche kann mit Sicherheit nur durch mikroskopische Untersuchung festgestellt werden.

Die von Milben befallenen Völker können, wenn sie noch stark genug sind, mit Sicherheit geheilt werden, und zwar durch Anwendung von Rauchmitteln. Das bekannteste Bekämpfungsmittel ist »*Folbex*«. Bei sachgemäßer Anwendung wird ein vollständiges Abtöten der Milben ohne Schädigung der Bienen und der Brut erreicht.

Um einen Ausbruch der Milbenseuche von vornherein auszuschließen, beachte der Imker folgende **Vorbeugungsmaßnahmen**:

a) Kaufe niemals Bienen aus milbenverseuchten Gebieten! (Solche Gebiete werden von den Landesverbänden in den Imkerzeitungen bekanntgegeben.)

b) Wandere mit den Bienenvölkern niemals in milbenverseuchte Gegenden!

c) Achte sorgfältig darauf, daß zwischen deinem Stande und anderen Ständen keine Räuberei entsteht!

Die Nosema ist eine Krankheit der erwachsenen Biene. Sie hat in den letzten Jahren vielen Imkern durch Absterben der Völker im Frühjahr erhebliche Verluste bereitet. Zu ihrer Kennzeichnung sei folgendes bemerkt: Der Erreger der Nosema, das **Protozoon Nosema apis**, ist bekannt, aber man kann ihn nicht fassen, d. h., man kann durch Anwendung von »*Fumidil*« oder »*Nosemak*« das Überhandnehmen der Krankheit stoppen, sie zurückdrängen, aber restlos vernichten kann man diesen Feind nicht. Der Erreger lebt im Mitteldarm der Biene, zerstört die Darmzellen und bildet am Ende seiner Entwicklung Sporen, von denen schließlich mehrere Millionen in einer einzigen Biene vorhanden sind. Die Bienen scheiden diese Sporen aus, so daß sie sich nicht nur im Bienenkörper, sondern auch auf älteren Waben, an den inneren Stockwänden, selbst auf der äußeren Stirnwand und auf dem Flugbrett der Beute befinden. So kommt es, daß die Sporen in allen Völkern des Standes vorhanden sind.

Die Entscheidung in dem Kampf zwischen Bienenvolk und Nosema fällt in der Regel im Frühjahr, aber ob die Entscheidung für das Volk Sieg oder Niederlage bedeutet, hängt allein davon ab, in welchem Zustand sich das Volk im Zeitpunkt der Einwinterung befindet.

Die Nosema ist, obwohl in jedem Volke vorhanden, keine Krankheit, die das Volk mit Sicherheit abwürgt. In den Zeiten der Tracht ist von ihr nichts zu spüren, und auch das Volk verspürt dann keine nachteiligen Einwirkungen von ihr; sie ist zwar nicht verschwunden, kann aber doch dem starken Volk keinen Schaden zufügen. Doch in den Zeiten, in denen das Volk Mangel leidet und sich in geschwächtem Zustand befindet und wegen ungünstiger Witterung nicht ausfliegen kann, wird die Nosema lebensvernichtend. Die Nosema ist also eine Mangelkrankheit, eine Dispositionskrankheit. Diese Eigenart nimmt ihr, wenn ein aufmerksamer Imker dahintersteht, die Gefährlichkeit.

Doch wann und aus welchem Grund können die Völker Mangel leiden? Wenn im Spätsommer und Herbst jegliche Blütentracht fehlt, kann das Anlaß für einen Schwächezustand und damit für einen Niedergang der Völker werden. Die Königin stellt die Legetätigkeit ein, und damit versiegt der Lebensquell des Volkes, der Nachschub an Jungbienen. Die Sommerbienen fliegen nicht oder nur sehr wenig aus. Wozu auch? Es ist draußen ja nichts zu holen. So altern sie, die Nosemasporen in sich tragend, dem Herbst und Winter entgegen. Wenn draußen eine Tracht lockte, flögen sich die alten Bienen ab, und gesunde junge Bienen träten an ihre Stelle. Viele Imker schaffen für die fehlende Tracht in der Natur eine künstliche Tracht, indem sie ab Ende Juli mit Zuckerwasser reizen und füttern. Das ist durchaus richtig, aber Zuckerwasser allein genügt nicht. Mit Zuckerwasser allein können die Bienen keine Brut aufziehen. Es fehlen Nektar und Pollen. Der Nektar enthält neben den in ihm aufgelösten Zuckern pflanzliche Säuren, die in der Körperflüssigkeit der Bienen vorhanden sein müssen, um sie gegen Krankheitserreger zu schützen. Dr. Jachimowicz (Wien) nannte die Säurereaktion der Körperflüssigkeit der Honigbiene eine »Barriere« gegen die Ansiedlung und Vermehrung von krankheitserregenden Bakterien. Pollen liefern das Eiweiß, die unentbehrliche Aufbaunahrung. Ohne Pollen können die Bienen in ihren Futtersaftdrüsen keinen Futtersaft bereiten, und auch die geschlüpften Jungbienen brauchen zum Aufbau eines gesunden Körpers Pollen. Auf zweierlei Weise kann der Imker die Zuckerreizfütterung ergänzen bzw. aufwerten. Hat er einen großen Bienengarten, sollte er darin möglichst viele Stauden und Sträucher von Sommer- und Herbstblumen pflanzen. Diese Blüten spenden von Juli bis in den Oktober hinein Nektar und Pollen und regen die Völker zu lebhaftem Fliegen und Sammeln an. Ist der Imker ein Landwirt, wird er den Roggenstoppel »schälen« und Lupine als Gründüngung säen, in diese Lupinensaat aber zugleich einige Pfund Senf und Buchweizen streuen und so seinen Bienen eine herrliche Sommertracht schaffen. Sind weder ein Bienengarten noch ein blühendes Spätsommerfeld vorhanden, sollte der Imker in der Spätsommerzeit jedem Volk ein Paket *»Nektapoll«* in den Brutraum geben.

Ähnlich und oft parallel zur Nosemaerkrankung verläuft die **Amöbenkrankheit**. Die Entwicklung der Amöben dauert nach den Feststellungen des Schweizer Forschers Fyg in der Regel vier Wochen. Da die Trachtbienen im Frühsommer und Sommer selten so lange leben, kommt die Amöbenerkrankung kaum zur Entwicklung.

Die Ruhr ist eine nicht ansteckende Durchfallerkrankung der Winterbiene. Sie wird durch ungeeignetes Winterfutter verursacht, das durch unverdauliche Restbestandteile von Blatthonigen und Melasse Darmbelastungen hervorruft. Auch durch Beunruhigung der Völker während der Winterruhe, z. B. durch Erschütterungen der Beuten, durch Klopfen, Hämmern, Holzhacken im Bienenhaus, durch das Eindringen von Mäusen in die Beuten, durch Klopfen von Meisen und Spechten am Flugloch, durch ständiges Scharren und Flattern von Hühnern um die Beuten und ähnliche anhaltende Störungen können Ruhr-Erkrankungen verursacht werden.

Es ist zweckmäßig, am Tage des Reinigungsfluges den Totenfall unter dem Wintersitz der Völker zu kontrollieren. Haben z. B. die toten Bienen auffallend aufgedunsene Hinterleiber mit braunem Darminhalt (durch Auseinanderziehen prüfen!), besteht der Verdacht auf *Ruhr*. Ist der Darminhalt milchig-weiß, leidet das Volk wahrscheinlich an *Nosema*. Beobachtet man an den toten Bienen herausgestreckte Zungen und krabbeln auch noch lebende Bienen auf dem Boden matt herum, ist mit Sicherheit auf *Hungersnot* im Volk zu schließen.

Anfang Mai leiden die jungen Bienen häufig an der **Maikrankheit**:

Bei zu reichlicher Pollennahrung Ende April und Anfang Mai und fehlender Flugtätigkeit tritt manchmal eine so starke Darmverstopfung ein, daß die Bienen flugunfähig werden. Sie kriechen dann auf dem Erdboden vor den Beuten aufgeregt und mit zitterndem Flügelschlagen hin und her. Die Maikrankheit wird daher auch »Laufkrankheit« genannt. Sie ist nicht ansteckend. Der Imker kann bei Auftreten der Ruhr und der Maikrankheit Abhilfe schaffen, indem er die Völker gut warm hält, verschmutzte Waben gegen gesunde austauscht und den Völkern am Abend ein lauwarmes dünnflüssiges Futter (1 Teil Zucker oder Honig mit etwa 2 Teilen Wasser) reicht.

Die Varroamilbe, der Erreger der **Varroatose**, ist erst vor einigen Jahren durch den Bezug von Königinnen mit Begleitbienen aus Asien und den Balkanländern in die Bundesrepublik gebracht worden. Die Varroatose ist zunächst eine Brutkrankheit. Die ins Bienenvolk kommende erwachsene Milbe legt ihre Eier in die mit Bienenbrut belegten Zellen ab. Die schlüpfenden Jungmilben erhalten hier ihre Nahrung und Vermehrung. Das befallene Volk wird schwächer und schwächer und bricht schließlich zusammen.

Eine biologische oder medikamentöse Bekämpfung der Varroatose gibt es z. Zt. nicht. Ebenso ist eine besondere Abtötung der Milben nicht möglich. Versuche mit Ameisensäure versprechen gewissen Erfolg.

Bemerkt der Imker, daß auf seinem Stande ein Volk nicht recht vorwärtskommt oder gar laufend schwächer wird, dann hat er sich unverzüglich mit dem Seuchenwart seines Vereins in Verbindung zu setzen, der die Völker untersucht und den Imker auch über die Bestimmungen der Bundesverordnung zur Bekämpfung der Varroatose bekannt macht.

Neben den vorgenannten Bienenkrankheiten werden unsere Völker durch **Bienenschädlinge** belästigt. Die wichtigsten und häufigsten Schädlinge sind **Wachsmotten**, **Mäuse**, **Hornissen**, **Wespen**, **Ameisen** und **Bienenläuse**.

Näheres über Bienenkrankheiten und Bienenschädlinge bieten die Ausführungen in den Merkblättern K, L, M und N des DIB, auf die hier ausdrücklich hingewiesen sei.

II. Das ABC der imkerlichen Betriebsweise

1. Besondere Hinweise für die Arbeiten am Bienenvolk

a) Vor dem Öffnen der Beute und dem Herausnehmen und Zusetzen von Waben sind stets ausreichende Schutzkleidung (z. B. Leinwandkittel, Haube, Handschuhe) anzulegen, Zange, Meißel, Federwisch griffbereit hinzulegen und der Smoker anzuzünden.

b) Das Arbeiten am Bienenvolk soll die Bienen so wenig wie möglich aufregen und stören. Es sind möglichst keine schnellen oder poltrigen oder gar ruckartigen Bewegungen zu machen.

c) Mit dem abwehrenden Rauch aus dem Smoker ist sparsam umzugehen. Ein paar leichte und schwache Rauchstöße sind in die Wabengassen zu geben, bevor die Waben entnommen werden.

d) Dunkle und wollige Kleidung reizt die Bienen. Am günstigsten sind helle Leinensachen. Auch wollene Strümpfe in Halbschuhen veranlassen die Bienen zum Stechen in die Fußgelenke.

e) Scharfe Gerüche, z. B. von Alkohol, Haarwasser, parfümierter Seife oder Schweiß, vertragen die Bienen nicht.

f) Bei schwülem und gewittrigem Wetter sind die Bienen stets aufgeregt, dann also nicht an ihnen arbeiten!

g) Auch zu langes Arbeiten an demselben Volk kann die Bienen aufregen und böse machen.

Abb. 17: Einige Imkergeräte:
links: Dathepfeife, Rauchmaschine, Wasserzerstäuber, künstliches Mandelöl,
rechts: Stockmeißel, Gemüllkrücke, Besen, Teigschaber mit Stiel für Honigeimer

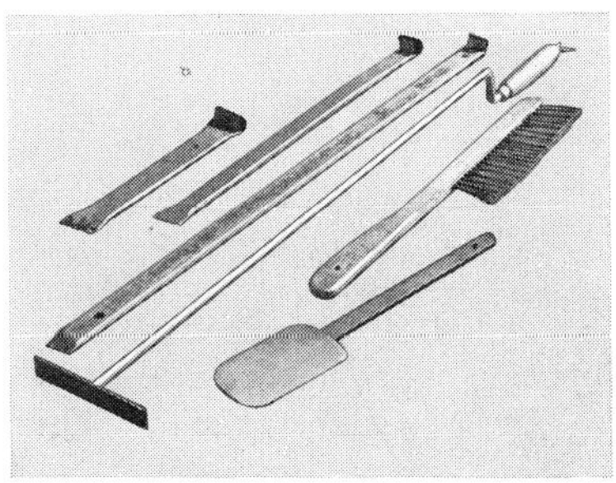

2. Die Spätsommerpflege der Bienenvölker

Mit dem letzten Schleudern im Juli geht das Bienenjahr zu Ende. Ihm folgt die Spätsommerzeit, in der der Imker zur besonderen Fürsorge für seine Völker verpflichtet ist, denn von der Spätsommerpflege hängt es ab, ob die Völker gesund und kräftig durch den Winter kommen, ob ihre Entwicklung im anschließenden Frühjahr stetig und ohne Stockung vorangeht oder ob dann Völkerverluste festzustellen sind. Mit der **Spätsommerpflege** beginnt das **neue Bienenjahr.**

a) Die wichtigste Voraussetzung für eine forsche und stetige Frühjahrsentwicklung des Volkes ist eine junge und leistungsfähige Königin. Ein- oder zweijährige Königinnen garantieren in der Regel im Frühjahr eine sichere Entwicklung. Völker mit älteren Königinnen zeigen im Mai und Juni, gerade wenn die Völker in der wichtigsten Phase ihrer Aufwärtsentwicklung stehen, Neigung zum stillen Umweiseln und zum Schwärmen. Es ist sicher, daß solche Völker dann für die Tracht bis Mitte Juli ausfallen. Die Versorgung der Völker mit jungen Königinnen kann noch im August erfolgen, besser ist es jedoch, diese bereits im Juni oder Juli heranzuziehen.

b) Es ist wichtig, nur normalstarke Völker für die Einwinterung vorzusehen. Bei guter Futterversorgung überwintern in einem nicht zu starken Winter auch schwächere Völker, aber im Frühjahr erweisen sie sich für eine flotte Entwicklung meist zu schwach. Schon im Spätsommer, nicht erst im Frühjahr, sind schwache Völker zusammenzulegen oder durch Ableger zu verstärken.

c) Fast in jedem Frühjahr macht die Nosema-Erkrankung der Bienenvölker den Imkern empfindliche Sorgen. Selbst Völker, die im vergangenen Sommer eine gute Honigernte brachten, sich im Spätsommer und Herbst in guter Verfassung befanden und mit reichlich Futter eingewintert wurden, erleiden oft unerwarteterweise besonders gegen Ende des Winters durch Totenfall so schwere Verluste, daß sie als Schwächlinge ausgewintert werden, wenn sie bis dahin nicht gar schon zusammengebrochen sind. Manche der ausgewinterten Völker zeigen sich beim Reinigungsflug im Februar munter und lebhaft. Sie schwirren so dicht vor ihren Beuten, daß der beobachtende Imker meint, er habe seine Völker gut überwintert und ebensogut ausgewintert. Doch wenige Wochen danach ist seine Enttäuschung groß! Es zeigt sich, daß bei einigen dieser Völker kein Fortschritt in der Entwicklung festzustellen ist. Die Völker waren zu stark von der Nosema befallen (vgl. Kapitel I, Abschnitt 15).

Die Völker müssen, wenn sie den Winter gut überstehen sollen, viele Jungbienen besitzen und sich in gutem Ernährungszustand befinden. Die Grundnahrungsmittel der Bienen sind Nektar und Pollen.

Nektar ist das Erhaltungs- und Energiefutter. Der Nektar besteht aus in Wasser gelösten Zuckern, vermischt mit Spuren von pflanzlichen Säuren, Salzen, Fermenten und aromatischen Stoffen.

Pollen ist das Aufbaufutter für Brut und Bienen. Er liefert den Bienen das unentbehrliche Eiweiß; außerdem sind im Pollen kleine Mengen von Fetten und Ölen sowie Spuren von Vitaminen, Kalium, Kalzium und Magnesium enthalten.

Ohne Pollen ist eine Brutaufzucht nicht möglich. Nach Butler ist der durchschnittliche Eiweißgehalt von 5 Tage alten Arbeitsbienen 64% höher als der von eben geschlüpften Bienen, und dies ist allein auf die reichliche Ernährung mit Pollen zurückzuführen. Pollen bewirkt die volle Entwicklung der Futtersaft- und Wachsdrüsen. Er ist die Grundlage für die Lebensdauer der Bienen: Bei reiner Zuckerfütterung leben die Bienen durchschnittlich 20 bis 25 Tage, bei Fütterung mit Honig und Pollen 40 bis 50 Tage.

Ende Juli hat in den meisten Gegenden unseres Landes das Blühen in der Natur, das allein Nektar und Pollen liefert, aufgehört. Die Königin schränkt die Legetätigkeit ein und hört schließlich ganz damit auf. Der Nachschub von Jungbienen setzt aus; die Arbeitsbienen bleiben im Stock und altern dem Winter entgegen.

Die meisten Imker versuchen das Ausbleiben der Tracht in der Natur durch eine künstliche Tracht, nämlich durch Reizung mit Zuckerlösung oder mit Trokkenzucker, zu überbrücken. Damit wird erreicht, daß die Bienen wieder auf Trachtsuche ausfliegen und die Königin die Legetätigkeit fortsetzt. Doch Zucker (und auch Honigtau) sind kein Nektar, sie sind säurefrei, also kein Abwehrmittel gegen bakterielle Krankheitserreger!

Mit der Untersuchung der eben genannten Stoffe (Nektar, Honigtau, Zuckerlösung) als Nahrungsmittel für die Überwinterungsbienen haben sich insbesondere Dr. Jachimowicz (Wien) und Dr. Wille an der Versuchsanstalt Liebefeld in der Schweiz beschäftigt. Sie haben festgestellt, daß die Bienen als Wintervorrat, ganz gleich, ob sie Nektar oder Honigtau aus der Natur holen oder nur mit Zukker gefüttert werden, einen *Winterhonig* herstellen, der ph-Werte (Säuregrade) von 3,8 bis 4,8 besitzt und daher ein Schutzmittel gegen bakterielle Krankheitserreger darstellt. Für Verarbeitung von Zucker und Honigtau zu Winterhonig scheiden die Bienen die notwendigen Säureanteile, wenn sie diese nicht in der Natur holen können, aus der eigenen Körperflüssigkeit aus. Durch den Entzug der Säure wird der Bienenkörper geschwächt und anfällig gegenüber eindringenden Krankheitserregern.

Ähnlich schwächen sich bei Trachtlosigkeit im Spätsommer die Arbeitsbienen bei der Aufzucht der noch vorhandenen Brut. Wenn sie nicht auf Pollenvorräte zurückgreifen oder frischen Pollen aus der Natur holen können, dann bauen sie die Eiweiß-Fettpolster, die sie während des Sommers im eigenen Körper anlegten, ab, um damit die Brut und die schlüpfenden Jungbienen zu füttern. Dadurch werden die Altbienen geschwächt und krankheitsanfällig, die Jungbienen bleiben unterernährt und schwach.

Bei so geschwächten Bienen fällt es den Nosema-Erregern leicht, die Völker während der langen Wintermonate niederzuzwingen.

Der Bienen-Wissenschaftler Dr. Bretschko schreibt über Nosema u. a.: »Die Fachleute sind sich darüber einig, daß alle Belastungen des Bienenvolkes in Verbindung mit *Nosemainfektion* katastrophale Folgen haben können. Konkret wissen wir so viel, daß die *reine Nosemainfektion relativ harmlos* ist und erst eine

*Misch*infektion (mit Septikämie, Rikettiose, Milbe und Veränderungen des Blutbildes) den Krankheitsverlauf dramatisiert.«

Bei geschwächten Völkern fällt es den Erregern von Nosema, gemischt mit anderen Bienenkrankheiten, also bei Mischinfektion, nicht schwer, die Völker während der langen Wintermonate niederzuzwingen. Darum, lieber Imkerfreund, sorge von Ende Juli bis an den Winter heran für eine *Blütenkleintracht*, die die Völker von August bis in den November befliegen können. Die alten Trachtbienen, die oft Krankheitserreger in sich tragen, sterben dann zumeist im Felde ihrer Arbeit und mit ihnen die Krankheitserreger. Die Jungbienen dagegen können sich kräftig entwickeln. Nektar und Pollen machen sie langlebig, bringen sie für die Einwinterung in beste Verfassung und machen sie durch die Nektarsäure widerstandsfähig gegen bakterielle Krankheitserreger und verhindern so Mischinfektionen mit Nosemaerregern, die dadurch selbst in ihrer Wirkung »harmlos« werden. Blütentracht im Spätsommer und Herbst und gleichfalls im März und April: dann hat die Nosema keine Möglichkeit zu Mischinfektionen und bleibt selbst schwach, also unschädlich gegen die in guter Verfassung befindlichen Völker. Blütentracht im Spätsommer und Herbst und ebenso im Frühjahr *verjüngt* die Völker und erhält sie *gesund*. Im Frühjahr blüht es an Weg und Steg; noch ergiebiger und wirkungsvoller sind Salweiden am Zaun des Bienengartens. Im Herbst und zeitigen Frühjahr scheinen reichliche Pollenvorräte noch wichtiger als Nektargaben zu sein. Der Bienenwissenschaftler Dr. Wille in Liebefeld/Bern schreibt u.a.: »In der Schweiz haben umfangreiche quantitative und qualitative Untersuchungen über den eingetragenen Pollen folgendes nachdrücklich gemacht: Im Nachsommer wird die Pollenversorgung zu knapp, so daß die Völker nicht mit einer starken Winterpopulation in den Winter gehen können. Anhand von Rechenmodellen ist es ein leichtes, den Pollenbedarf zu berechnen. Die Lücke zwischen dem Bedarf und dem tatsächlich eingetragenen Pollen ist oft erschreckend groß. Mit dem empfohlenen Herbstaufbau der Völker gelingt es wohl, große Brutflächen zu erzeugen, die daraus entstehenden Bienen aber sind zum größten Teil kurzlebig, also nicht überwinterungsfähig. Bei schlechter Frühjahrswitterung ist der Rest der überwinterten Bienen einfach überfordert, um rechtzeitig ein Volk von normaler Stärke aufzubauen. Aber auch ein schwaches Volk kann bei bienenfreundlicher Witterung und reichlicher Pollenversorgung im Vorfrühling und Frühling in erstaunlich kurzer Zeit eine kräftige Population entwickeln.«

Das einfachste und natürlichste Mittel ist, den Völkern neben einer wiederholten Zuckerfütterung eine Blütentracht zu bieten. Befindet sich in der Nähe des Bienenstandes ein Park mit Blumenanlagen, werden die Bienen sich selbst helfen, indem sie Nektar und Pollen holen, um die Zuckerfütterung damit aufzuwerten. Ebenso gut haben es die Imker in Dorfgemeinden, in deren Gemarkung nach der Getreideernte Felder mit Lupinengründüngung bebaut werden, in die gleichzeitig mit der Bestellung einige Pfund Senf und Buchweizen hineingesät worden sind. Auch die schnellwüchsige und sehr reich blühende Phazelia ist als Gründüngung bestens geeignet. Solche Felder ergeben eine prächtige Spätsommertracht. Es ist günstig, wenn in der Dorfgemeinde zwei oder drei Landwirte selbst Imker sind. Sie lassen sich leicht vom Wert einer Spätsommertracht überzeugen und sind bereit, dafür ein blühendes Feld in der Gemarkung zu schaffen, evtl. auf Kosten des Imkers.

Und trifft das alles nicht zu, bleibt noch die Möglichkeit, im Bienengarten eine Kleintracht mit Herbstblühern zu schaffen. Vor dem Bienenhaus, z. B. in einigen Metern Abstand, ist Platz für eine Goldrutenhecke. Längs des Zaunes können in langer Reihe Sonnenblumen stehen. Ganz besonders blütenreich von Ende August bis Anfang Oktober sind die Bartblumensträucher, die von den Bienen eifrig beflogen werden. Außerhalb des Gartens, z. B. auf einem nicht weit gelegenen Stück Unland, lassen sich Schneebeersträucher pflanzen.

Besonders ergiebig an Nektar und Pollen sind perennierende Stauden, z. B. Sonnenbraut, Astern mit offenen Blüten und die Topinambursorte »Bienenweide«.

Abb. 18: Herbst-Sonnenbraut

Abb. 19: Goldrute

Abb. 20: Blüte der Kosmeastaude

Abb. 21: Zweig des Bartblumenstrauches

3. Die Einwinterung

Es ist Ende August, ein schöner, sonniger Tag. Ich stehe vor dem Bienenhaus. An den Fluglöchern geht es hurtig ein und aus. Die Reizung mit Zuckerwasser seit Mitte Juli und das gleichzeitige Blühen der verschiedenen Herbststauden im Garten haben die Völker zu eifrigem Flug angeregt. Meine heutige Arbeit am Stand heißt zunächst:

a) Leeren der Honigräume und **Überprüfen der Bruträume:** Ich sitze vor der ersten geöffneten Beute, rechts neben mir steht der **Wabenbock**:

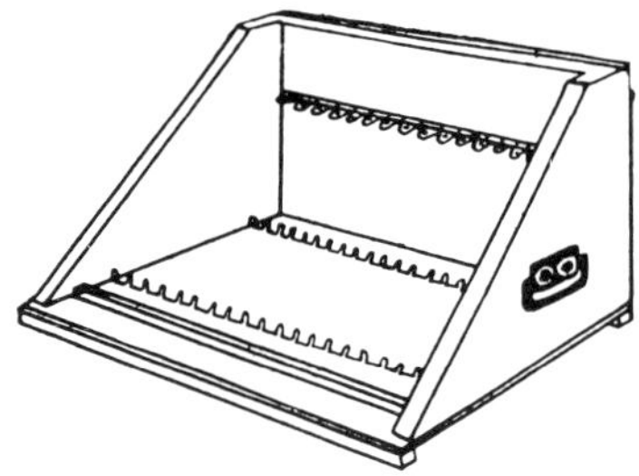

Abb. 22: Wabenbock zum Abstellen von Waben bei der Arbeit im Hinterlader

Nach dem letzten Schleudern Mitte Juli hatte ich die ausgeschleuderten Waben in den Honigraum zurückgegeben, sie aber mit größeren Abständen eingehängt: Die Bienen sollten sie leerputzen, nicht aber erneut Honig in sie eintragen. Die meisten sind nun auch wirklich leer, nur bei einigen glitzert es von Honig.

Nun wird der Brutraum vorsichtig geöffnet. Aus den Bruträumen ist während des ganzen Sommers kein Honig entnommen worden. Mit der Zange entnehme ich die Waben bis ans Brutnest. Die erste Wabe des Brutnestes zeigt offene und gedeckelte Brut.

Das zeigt mir! Das Volk ist, was die Königin anbetrifft, in Ordnung: Das Brutnest selbst lasse ich unberührt. An das Brutnest setze ich nun zwei leere hellbraune Waben aus dem Honigraum, um es der Königin leichtzumachen, das Brutnest noch zu erweitern. Gleichzeitig wird Raum für das Winterfutter geschaffen. Dahinter kommen die zum Teil mit Vorräten gefüllten Waben. Diese Vorräte betragen schätzungsweise 5 bis 6 Pfund. Waben mit Drohnenbau, ferner schwarze oder nicht voll ausgebaute Waben werden entnommen. In den Brutraum hänge ich noch einige Waben mit den Honigresten aus dem Honigraum.

In gleicher Weise werden alle Völker überprüft und hergerichtet. Das Ergebnis dieser Überprüfung wird bei jedem Volk auf der Stockkarte an der Beutentür in Stichworten vermerkt.

Nach Beendigung dieser Arbeiten darf keine Wabe mit Honigresten frei liegenbleiben, da in der Spätsommerzeit die Gefahr der Räuberei groß ist.

b) Das **Verstärken des schwachen Volkes** durch einen Ableger:

In einem Volk finde ich nur wenig und dazu lückenhafte Brut. Seine Königin scheint verbraucht zu sein. Ich nehme mir vor, dieses Volk durch einen Ableger mit einer guten, jungen Königin zu verstärken und damit gleichzeitig umzuweiseln. Der Ableger stand ursprünglich im Bienengarten, etwa 20 m vom Bienenstande entfernt. Um ihn in eine Beute einsetzen zu können, hatte ich ihn vor drei

Wochen in meinen etwa 3 km entfernten Hausgarten gebracht. Die Bienen hatten durch diesen Standwechsel ihren alten Stand und Flugkreis vergessen und konnten nun, ohne daß eine Flugbiene verlorenging, in eine Standbeute eingesetzt werden.

Am Spätnachmittag setze ich das umzuweiselnde und zu verstärkende Volk aus seiner Beute auf den Wabenblock und entnehme ihm dabei die bisherige Königin, die ich sofort abtöte.

Nun setze ich den Ableger mit seiner Königin, wobei ich Waben und Bienen leicht mit Honigwasser, dem ein paar Tropfen Anis beigegeben worden sind, überbrause, in die leere Beute an die Stirnwand. Der Ableger am Flugloch wird die Führung des Volkes übernehmen, einmal weil er den Zu- und Abgang durchs Flugloch kontrollieren kann, zum anderen, weil das Mitvolk weisellos und daher verlegen geworden ist. Nun übersprühe ich auch das weisellose Volk auf dem Wabenbock mit dem Duftwasser, kehre danach die Bienen mit einem Federwisch in eine Kiste, decke sie zu und setze die bienenfreien Waben in die Beute im Anschluß an die Waben des Ablegers. Danach schütte ich die abgefegten Bienen aus der Kiste auf das Vorsatzbrett, von wo sie gleich einem Schwarm in die Beute strömen. Da sich bereits die Abenddämmerung ankündigt, gebe ich dem Volke anschließend zur Beruhigung 1 l Zuckerwasser in die Beute.

c) Die **Einfütterung für den Winter:**

Die Völker haben im Juli und August Reizfuttergaben erhalten. Nach Abschluß der Reizfütterung erfolgt in der ersten Hälfte des September die Einfütterung für den Winter. Die Zuckerlösung hierfür kann im Mengenverhältnis 1 : 1, 3 : 2 oder 2 : 1 hergestellt werden. Ich selbst füttere nach langjähriger Übung mit Lösungen 1 : 1 und lasse zwischen den einzelnen Gaben meist ein bis zwei Tage frei, so daß die Bienen die Möglichkeit haben, die einzelnen Rationen mit Nektar aus der Blumentracht des Bienengartens zu verarbeiten und aufzuwerten. Meine Futterkästen fassen 3 Liter.

Nach Angaben von Herold in »Biene und Bienenzucht« können für ein mittelstarkes Volk für den durchschnittlichen Futterverbrauch während der Wintermonate folgende Zahlen gelten:

Oktober:	655 g
November:	537 g
Dezember:	534 g
Januar:	658 g
Februar:	951 g
März:	1791 g
zus.:	5126 g

Das gilt jedoch nur für den Futterverbrauch in der kalten Zeit. Hinzuzurechnen ist der Verbrauch im September und im April mit der starken Brutentwicklung. Das Winterfutter darf keinesfalls zu knapp bemessen werden, denn es dient ja nicht nur als Nahrung, sondern zugleich als Heizung. Es kommt hinzu, daß der

Abb. 23: Fütterungsvorrichtungen

a) Deckelfuttertrog für Magazinbeuten

b) Bodenfuttertrog neuerer Art

c) Flaschenfütterung im Blätterstock

Winter oft sehr hart ist und mit seinen kalten Tagen manchmal bis in den April und Mai reicht. Herold schreibt: »Man sollte immer mit einem Vorrat von 10 kg als Regel rechnen.«

Der Imker mischt z. B. in der Küche in einem großen Einkochtopf 10 kg Zukker mit 10 l heißem Wasser. Er bringt diese Lösung auf den Bienenstand (z. B. in gut schließbaren Honigeimern!) und reicht jedem Volk einen Futterkasten mit 3 l Lösung und vermerkt es auf der Stockkarte. Mit 5 solcher Kästen hat das gefütterte Volk genügend Winterfutter erhalten. (1 l Lösung 1:1 ergibt 750 g = $1^1/_2$ Pfund Winterfutter; 15 l Lösung 1:1 ergeben $22^1/_2$ Pfund Winterfutter.)

d) Die Winterruhe

In der Zeit nach der Einfütterung, also etwa ab 15. September, soll die Wabenstellung im Brutraum nicht mehr verändert werden, denn die Bienen legen die Wintervorräte in einem ganz bestimmten räumlichen Verhältnis zu ihrem Wintersitz ab. Stört der Imker nachträglich diese Ordnung, so besteht die Gefahr, daß die Bienen bei sehr strenger Kälte von ihrem Wintersitz aus die Vorräte nicht erreichen und schließlich trotz noch vorhandenen Futters im Stock verhungern.

Ein gut versorgtes Wintervolk verlangt vom Imker nichts als Schutz vor Ruhestörung, mit der Kälte wird es selbst fertig. Doch wie eine Mutter, die ihr Kind am Abend ins Bett gebracht hat, wiederholt mit leisen Schritten ins Zimmer gucken geht, ob alles still und in Ordnung ist, so muß der Imker während des Winters von Zeit zu Zeit nach dem Rechten sehen. Bereits im Oktober sind die Fluglöcher durch eingeschobene Holzleistchen, zum Schutz gegen Mäuse, bis auf 8 mm zu erniedrigen. Noch gründlicher ist die Abschirmung durch Absperrgitter, durch die auch die kleinen Spitzmäuse nicht in die Beuten eindringen können. Im Bienenhaus sind ferner Mausefallen aufzustellen.

Der Imker wird auch Schnee von den Flugbrettchen fegen oder auch schlagende Äste von nahestehenden Bäumen entfernen oder abbinden.

4. Der Reinigungsausflug

In der Regel ist das Wetter in den Monaten Dezember und Januar durchgehend winterlich. Der Februar dagegen bringt meist einige warme Sonnentage, an denen die Temperatur während der Mittagsstunden auf 12° bis 15° Celsius steigt. Gegen 10 Uhr zeigen sich dann die ersten Bienen auf den Flugbrettern, zwei Stunden später aber schwirrt es tausendfach vor den Beuten. Während der kalten Zeit hatten die Bienen immer wieder Futter aufnehmen müssen, um so Wärme zu erzeugen. Die Rückstände des Futters sammeln sich in der Kotblase. Das beschwert allmählich die Bienen, denn gesunde Bienen lassen den Kot nicht in die Beute fallen.

Nun ist der erste Ausflug da, der den Bienen Erleichterung bringt. Die Bienen fliegen ziellos umher, zwischen Baum und Strauch, über Zaun und Schuppen. Der beobachtende Imker stellt sich ein wenig abseits, denn es regnet kleine braune Tröpfchen. Viele Bienen setzen sich auf Zweig und Zaun, auf Strauch und Strunk. Auch hier hinterlassen sie braune Spuren.

Der Imker bittet die Nachbarin, die bei dem schönen Wetter gerade Wäsche aufhängen will, damit doch wenigstens zwei Stunden zu warten, da die Bienen jetzt ihren ersten Reinigungsausflug halten, sich dabei gern auf weiße Flächen, wie z. B. Wäsche, setzen und mit ihren Kleckschen eine unlöschbare Handschrift schreiben.

Des Imkers Beobachtungen richten sich besonders auf die Flugbrettchen und Stirnwände der Beuten. Zeigen sich auch hier Verschmutzungen durch braune Tropfen, dann besteht Verdacht auf Ruhr oder Nosema. Wenn ein Volk am ersten Tage zunächst gar nicht fliegt, so braucht das noch kein schlimmes Zeichen zu sein. Einige Völker reagieren auf den Beginn des warmen Wetters schnell, andere weniger schnell. Falls die Bienen eines Volkes jedoch auf dem Flugbrett oder sogar auf der Stirnwand der Beute wie suchend hin und her laufen, dann kann das ein Zeichen sein, daß das Volk während der Wintermonate die Königin verloren hat. Das Volk wird für eine diesbezügliche Kontrolle in den nächsten warmen Tagen oder im März vorgemerkt. An den ersten Flugtagen ist es nicht angebracht, in die Völker zur Kontrolle der Futtervorräte hineinzuschauen. Doch empfiehlt es sich, die Beutentüren zu öffnen und die Verpackung zu überprüfen. Sind die Matten feucht, so sind sie gegen trockene auszutauschen.

In den Wintermonaten Dezember und Januar sind die Völker meist brutfrei. Nach dem Reinigungsausflug beginnt die Königin mit der Legetätigkeit. Der Reinigungsausflug ist somit eine Wende von der brutfreien Winterszeit zum Beginn der Volksentwicklung im Frühjahr.

Die Zeit des Reinigungsausfluges bedeutet aber noch nicht den Frühlingsanfang, bedeutet noch keineswegs warmes Wetter in der Folgezeit. Es sind noch Wetterrückschläge mit niedrigen Temperaturen zu erwarten. Darum soll der Imker zunächst von einer Unterstützung der Brutentwicklung durch Reizfutter absehen. Anstelle solcher Frühreizung sollte er dafür sorgen, daß nach dem Reinigungsausflug die Wärme in den Beuten durch Ergänzung der Verpackung erhalten bleibt, daß

Abb. 24: Der erste und der letzte Blick gilt dem Treiben am Flugloch

unweit des Standes Salweiden und Frühlingsblumen (Krokusse, Schneeglöckchen, Huflattich) wachsen bzw. angepflanzt werden.

Sehr wichtig ist für diese Zeit die Errichtung einer **Tränke**. Da das Volk mit der Brutaufzucht beginnt, brauchen die Ammenbienen zur Herstellung von Futtersaft Wasser, das die Bienen draußen in der Natur holen müssen. Fließt ein Bächlein in der Nähe vorbei, dann ist eine besondere Tränke nicht nötig. Ist das Wasser, ein Bach oder Teich, jedoch mehr als 400 m vom Stande entfernt, so entstehen bei dem noch unbeständigen Wetter Flugverluste unter den Wasserholern.

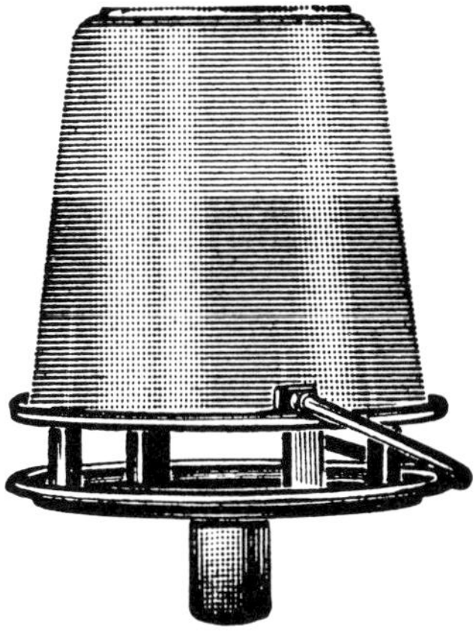

Abb. 25: Bienentränke mit Futtereimer

Der Wasserbedarf für die Brutpflege ist für das Volk recht erheblich. Der Altmeister der Bienenzucht, Freund, hat errechnet, daß seine 29 Völker in der Zeit von Anfang April bis Mitte Mai 300 l Wasser verbraucht haben, d.h. jedes Volk rund 10 l oder auf den täglichen Bedarf umgerechnet $^1/_4$ l. Das beweist die Notwendigkeit einer Tränke während der ersten Frühlingswochen.

Die Aufstellung der Tränke soll nahe am Bienenstand, doch etwas seitlich von den Flugbahnen der Bienen erfolgen, denn überfliegende Bienen lassen auch noch nach dem Reinigungsausflug oft Kottröpfchen fallen, die das Wasser verunreinigen und womöglich infizieren. Bei offenen Tränken ist ein Schutzdächlein sehr zweckmäßig. Es empfiehlt sich, das Wasser der Tränke, besonders bei der ersten Aufstellung, im Verhältnis 1 : 5 bis 1 : 10 anzusüßen. Der Imker muß dafür sorgen, daß die Tränke laufend mit frischem Wasser beschickt wird.

5. Wie der Imker die Frühjahrsentwicklung seiner Völker fördert

Die Grundlagen für eine gute Frühjahrsentwicklung sind bereits durch eine richtige Spätsommerpflege (s. S. 40) und kurz nach dem Reinigungsausflug (s. S. 46) zu schaffen.

Ein gesundes und entwicklungsfreudiges Volk, das im Zeitpunkt der Auswinterung in der Regel nur rund 10000 bis 20000 Bienen zählt, entfaltet äußerste Anstrengung, im **biologischen** wie im **wirtschaftlichen** Bereich, um bis Anfang Juni, also im Laufe von 2 bis $2^1/_2$ Monaten, eine Trachtstärke von 60000 bis 80000 Bienen zu erreichen. Das ist eine außerordentliche Leistungsanforderung an das Bienenvolk, die es vollbringen muß, um mit der Entwicklung der Natur Schritt halten zu können. Zum biologischen Bereich der Volksentwicklung zäh-

Abb. 26: Pollensammlerin auf Weidenkätzchen

len die Legetätigkeit der Königin, das Herrichten der Brutzellen, die Bereitung des Futtersaftes, die Pflege und Fütterung der jungen und älteren Maden und das Warmhalten der Brut. Voraussetzungen für diese Tätigkeiten sind die Leistungen auf wirtschaftlichem Gebiet; das Hereinholen von Nektar, Pollen und Wasser, das Bauen der Waben, sowie das Eindicken und Konservieren des Blütensaftes zu Honig.

Da die Aufgaben im Stock von Tag zu Tag zunehmen und der größte Teil des zur Zeit noch nicht starken Volkes dafür beansprucht wird, steht für das Hereinholen von Nektar, Pollen und Wasser nur der kleinere Teil des Volkes zur Verfügung. Diese Flugbienen können bei weitem um diese Zeit nicht heranschaffen, was im Volk gebraucht wird. Der Haushalt des Volkes ist um diese Zeit ein Zuschußbetrieb. Er bleibt es bestimmt noch den ganzen Monat April hindurch. Das muß der Imker schon bei der Einfütterung im Herbst bedenken. Die Wintervorräte müssen daher stets so reichlich sein, daß sie bis in den Mai hinein reichen.

Spätestens Ende März oder Anfang April führt der Imker eine Brutraumkontrolle durch (s. S. 43). Sie bezieht sich jetzt im Frühjahr auf die noch vorhandenen Futtervorräte, auf den Brutstand und die Stärke des Volkes. Sind in einem Volk noch drei bis vier verdeckelte Futterwaben, so können diesem Volk 1 bis 2 Futterwaben entnommen werden, um sie einem Volke mit weniger Vorräten zuzuhängen. Jedes Volk sollte jetzt wenigstens noch zwei volle Futterwaben zur Verfügung haben. Um einen Ausgleich in der Volksstärke durchzuführen, ist den starken Völkern je eine verdeckelte Brutwabe (ohne Bienen) zu entnehmen, um die schwächeren Völker damit zu verstärken. Obwohl ein solcher Ausgleich unter den Völkern bereits im Herbst vor der Einwinterung stattgefunden hat, lehrt die Erfahrung immer wieder, daß im Frühjahr erneut Ungleichheiten in der Volksstärke vorkommen.

Die Bruträume sind jetzt nach Bedarf zu erweitern. Man setzt zu diesem Zwecke ein bis zwei für die Brut geeignete hellbraune Waben, die vorher mit Honigwasser übersprüht worden sind, an das Brutnest (nicht zwischen die Brutwaben!) ein, oder man erweitert anstelle dieser Waben mit ein bis zwei ganzen Mittelwänden. Die Erweiterung des Brutraumes sollte alle 10 bis 12 Tage vorgenommen werden, bis der Raum mit Waben und Bienen bis ans Fenster gefüllt ist.

Das ist dann der Zeitpunkt, die **Honigräume freizugeben**. Zunächst kommen an die Stirnwand zwei Leerwaben, die mit Wasser leicht übersprüht worden sind.

Daran setzt man möglichst genau über das Absperrgitter zwei bis drei verdeckelte Brutwaben mit Bienen (aber ohne Königin) und füllt den weiteren Raum mit Leerwaben. Anstelle der aus den Bruträumen entnommenen Waben setzt der Imker Waben mit Mittelwänden und das **Baurähmchen**.

6. Das Baurähmchen

Wir haben bei den letzten Besprechungen mehrmals das Wort Baurähmchen gehört, ohne uns recht vorstellen zu können, was mit dieser Bezeichnung eigentlich gemeint ist.

Das Baurähmchen ist ein leeres Rähmchen im Standmaß mit einem schmalen Mittelwandstreifen an der oberen Tragleiste. Es wird Anfang Mai in den Brutraum zwischen Fenster und letzter Wabe eingesetzt. Damit dem Baurähmchen die volle Stockwärme zugute kommt, wird zwischen Fenster und Tür eine Verpackung, z.B. eine Schaumgummiplatte, eingelegt. Im Blätterstock (s. S. 71 f.) ist vorgesehen, das Baurähmchen in den Fensterrahmen der Beute mit einzuhängen.

Das Volk erhält durch dieses Baurähmchen zusätzlich Raum zum Bauen und Brutansetzen. Die Bienen können ihren Bautrieb außer an den Mittelwandrahmen im Brutnest am Baurähmchen laufend tätigen, denn etwa alle 8 bis 10 Tage wird hier die frisch gebaute Wabe ausgeschnitten. Dabei bleibt ein Wabenstreifen an der oberen Leiste bestehen, an der die Bienen erneut zu bauen beginnen. Die im Baurähmchen ausgebauten Zellen werden von der Königin sofort bestiftet. So können auch die Brutpflegebienen den von ihnen bereiteten Futtersaft laufend loswerden.

Im Baurahmen bauen die Bienen meist Drohnenzellen und sehen infolgedessen davon ab, Drohnenzellen anderswo, z.B. im Inneren des Brutraumes, zu bauen. Die Rähmchen mit ganzen Mittelwänden im Innern des Brutraumes wer-

Abb. 27: Drohnenwabe im Baurähmchen

den dadurch meist nur mit Arbeitsbienenzellen ausgebaut und ergeben bestes Wabenmaterial.

Das Baurähmchen ist für den Imker der Spiegel, an dem er die Stimmung und die Vorgänge im Volk ablesen kann.

Wird an den Baurähmchen fleißig gebaut, dann ist im Volk alles in Ordnung; es ist auch keine Schwarmneigung vorhanden.

Am Baurähmchen kann der Imker sogar durch das Fenster sehen, wie die Königin die Zellen bestiftet.

Werden am Baurähmchen Weiselnäpfchen gebaut, dann ist Schwarmstimmung zu erwarten. Meist sind in diesem Falle auch im Brutraum Weiselzellen vorhanden, die sogar ein paar Tage älter sein können als die am Baurähmchen. Dann muß der Imker schnell handeln.

Hört das Bauen am Baurahmen ganz auf, dann heißt das für den Imker: Achtung! Nachschau im Volk ist notwendig!

7. Die Erneuerung des Wabenbaues

Das Ausbauenlassen der Mittelwände ist der beste Weg, das Wabenwerk allmählich und laufend zu erneuern. Ist denn die Erneuerung des Wabenbaues notwendig?

Es gibt Imker, die sind stolz darauf, behaupten zu können, daß sie auf eine Erneuerung des Wabenbaues keinen Wert legen. Sie begründen ihren Standpunkt mit dem Hinweis, daß ihre Völker auf Waben sitzen, die zehn und mehr Jahre alt sind, und daß sie dadurch keine Einbuße an Honig erlitten hätten. Sie behaupten, daß das Bauenlassen auf Kosten des Honigertrags gehe, daß sie mit ihren alten Waben mehr Honig ernten als Imker, die jedes Jahr einige Mittelwände ausbauen lassen. Die alten Waben seien zudem fester als neugebaute, so daß es z. B. beim Schleudern keinen Wabenbruch gebe. Außerdem koste es Geld, Zeit und

Abb. 28: Wabe mit offener Brut

Mühe, jährlich neue Mittelwände zu beschaffen, die Rähmchen zu drahten und die Mittelwände einzulöten.

Solche Behauptungen sind ohne Beweiskraft. Die wirklichen Erfahrungen in der Imkerei sprechen jedenfalls eindeutig dagegen.

a) Zu der Frage, ob viel Bauenlassen die Honigerträge schmälert, sei auf wiederholte Versuche hingewiesen, die ergaben, daß gerade die Völker, die im Laufe des Sommers 5 bis 10 Mittelwände und zusätzlich mehrere Baurahmen ausbauten, auch die besten Honigerträge lieferten.

b) Viel Bauenlassen erhält die Völker zudem gesund und macht sie trachtfreudig. Im Frühjahr und Frühsommer wollen die Völker bauen. Jede Arbeitsbiene ist während einiger Tage Baubiene. In dieser Zeit sind ihre Wachsdrüsen entwickelt. Es ist daher biologisch begründet und gehört zum körperlichen Wohlbefinden der Biene, Wachs zu erzeugen, es als kleine Plättchen auszuscheiden und damit neuen Bau aufzuführen. Frisch gebaute Waben werden von der Königin bevorzugt bestiftet.

c) Alter Wabenbau (dunkelbraun bis schwarz) ist ein Herd für Erreger von Bienenkrankheiten. Neue Waben sind also schon aus Gründen der Hygiene erforderlich.

d) Die ausschließliche Verwendung von Altbau im Brutraum würde eine Degenerierung der Bienen und ihrer Leistungsfähigkeit bedeuten. Wir wissen, daß jede schlüpfende Jungbiene eine dünne Haut, ihr sogenanntes »Geburtshemdchen«, an den Zellwänden zurückläßt. Man kann annehmen, daß aus einer Zelle des Brutraumes im Laufe eines Jahres mindestens 4 bis 5, in vier bis fünf Sommern 20 und mehr Jungbienen schlüpfen, und es ist einleuchtend, daß dadurch der Innenraum der Zelle von Jahr zu Jahr kleiner wird. Genaue Messungen (von Jordan an der Bundesanstalt für Bienenzucht in Wien durchgeführt) haben ergeben, daß nach 42 Bienengenerationen folgende Veränderungen im Zellenbau und an den Bienenkörpern eingetreten waren:

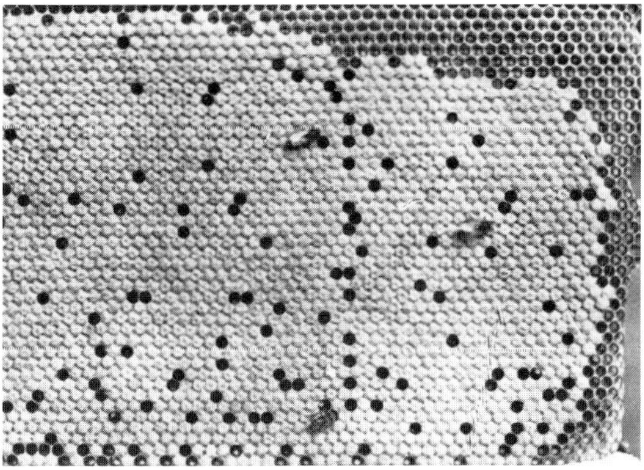

Abb. 29: Wabe mit verdekkelter Brut

Durchmesser der Zelle	bei Neubau 5,36 mm	bei Altbau 4,9 mm
Gewicht der Larve	bei Neubau 152 mg	bei Altbau 130 mg
Rüsselreichweite	bei Neubau 7,3 mm	bei Altbau 6,4 mm
Fassungsvermögen der Honigblase	bei Neubau 43,7 mm^3	bei Altbau 32 mm^3

Diese Untersuchungen zeigen deutlich, wie richtig und erforderlich eine laufende Bauerneuerung ist. Eine vollbesetzte Durchschnittsbeute enthält im Brut- und Honigraum etwa 24 Waben. Da es zweckmäßig ist, die Waben nicht länger als 3 bis 4 Jahre im Gebrauch zu behalten, ist zu empfehlen, von jedem Volk ein Drittel oder ein Viertel seiner Waben, das sind jährlich 6 bis 8 Mittelwände, ausbauen zu lassen.

e) Das Eindrahten und Einlöten der Mittelwände. Die künstlichen Mittelwände können in Imkereigeschäften käuflich erworben werden. Sie werden in den Größen der gängigsten Rähmchenmaße (Normal-, Freudenstein-, Kuntzschmaß), kiloweise gepackt, bereitgehalten. Die Mittelwände können auch gegen Altwaben eingetauscht werden, wobei 3 kg Altwachs 1 kg neue Mittelwände ergeben.

Bei dem Einfügen der Mittelwand in das Rähmchen werden oft Fehler gemacht: Es wird versucht, die Mittelwand mit ihrer obersten Kante an die untere Seite der Rähmchentrageleiste anzulöten. Die Mittelwand hängt dann zwar glatt nach unten, aber wenn sich die Baubienen als dicker Klumpen daran hängen und dazu eine hohe Stockwärme erzeugen, dann hält die Lötnaht in der Regel nicht. Die Mittelwand sackt herab, ohne daß es von dem Imker beobachtet werden kann, bis er schließlich nach Tagen bei der Überprüfung des Neubaues das Wabenwirrwarr am Boden der Beute entdeckt. Nach solchen Erfahrungen ergibt sich die Notwendigkeit, der Mittelwand durch *das Drahten* in das Rähmchen einen festen Halt zu geben. Zum Drahten der Rähmchen verwende man einen Lochapparat mit Stahlnadel, wie ihn die Zeichnung zeigt.

Abb. 30: Lochapparat — Drahtrolle — Rillenrädchen

Beim Zurückklappen des Handgriffs hebt sich die Nadel aus der kleinen Lade heraus. Darauf wird eine kleine 6 mm lange Metallöse gesteckt, die mittels der Nadel in das Rähmchenholz eingedrückt wird. Für jedes Rähmchen sind drei dieser dünnen Drahtstränge erforderlich. Das Arbeiten mit dem Locher hat den Vorteil, daß die Ösen genau in die Mitte der Rähmchenleisten gedrückt werden und der Draht durch die Ösen eine feste Führung erhält, so daß er sich beim Spannen nicht in die Holzleiste hineinziehen und dadurch schlaff werden kann, und daß diese Arbeit sich mittels des Lochapparates schnell erledigen läßt. Das Spannen des Drahtes darf gerade nur so stark erfolgen, daß die oberen und unteren Rähmchenleisten sich nicht einbiegen.

Das Drahten der Rähmchen, etwa 6 bis 8 für jedes Volk, ist eine Arbeit, die der Imker möglichst in den Wintermonaten ausführen sollte, um im Frühjahr ohne viel Umstände das Einfügen bzw. Einlöten der Mittelwände vornehmen zu können. Dazu fertigt sich der Imker zunächst ein rechtwinkliges Brettstück an, 2,5 bis 3 cm dick und gehobelt, das nach allen Seiten etwa 1 cm kürzer ist als die lichten Maße des Rähmchens. Auf diese Unterlage legt er die Mittelwand, die in ihrer Länge und Breite ebenfalls um $^1/_2$ bis 1 cm kürzer zu schneiden ist als die Innenmaße des Rähmchens. Daraufhin legt der Imker das gedrahtete Rähmchen so auf die Mittelwand, daß die **untere** Seite der Wand an die **untere** Rähmchenleiste stößt. Nun fährt er mit dem Rillenrädchen auf jedem der drei Drähte einmal hin und her, wodurch der Draht in das Wachs der Wand eingerädelt wird. Zur noch besseren Befestigung der Mittelwand am Draht kann man von dem abgeschnittenen Wachsstreifen einzelne kurze Stücke über die Drähte festdrücken. Lötet man die Mittelwand elektrisch an die Drähte, so ist diese Verstärkung nicht erforderlich.

8. Das Schwärmen der Bienen innerhalb der imkerlichen Betriebsweise

Zu diesem Abschnitt siehe auch Kapitel I, Abschnitt 13!

a) Das Einfangen und Einsetzen des Schwarmes: Die Bienen schwärmen, wenn das Muttervolk durch den Imker nicht besonders abgelenkt wird, in der Regel in der Zeit von Mitte Mai bis Ende Juni und meist in der Tageszeit von 11 bis 14 Uhr. Wenn der Imker sich in dieser Zeit auf dem Stand befindet, so kann er das Herausströmen der Bienen aus der Beute, ihr dichtes Herumsausen in der Luft als wirbelnde Wolke und schließlich das Sichansetzen dieser Wolke an dem Ast eines Baumes beobachten. Schwärmen bedeutet für das Bienenvolk Vermehrung und auch Heranzucht junger Königinnen. In der Regel schwärmt das Volk zwei- bis dreimal. Mit dem ersten Schwarm, dem Vorschwarm, zieht die alte Königin hinaus. Acht Tage später folgt der erste Nachschwarm mit einer jungen Königin, und wieder einige Tage später der zweite Nachschwarm. Oft befinden sich in einem Nachschwarm zwei bis drei junge Königinnen.

Hat sich der Schwarm am Baumast zu einer Traube gesammelt, so beginnt das Einfangen. Um das Bilden der Schwarmtraube zu beschleunigen, kann der Imker die dichte Bienenwolke mittels einer Brause mit kaltem Wasser übersprühen.

Haben sich die Bienen zur Traube gesammelt, hält der Imker die Einfangkiste, in die er meist eine ausgebaute Wabe – etwas befestigt – hineinstellt, so dicht unter den Schwarm, daß die Traube in die Kiste hineinreicht. Nun greift er mit der freien Hand nach dem Ast und schüttelt ihn mit einem so kräftigen Ruck, daß die Bienentraube in die Kiste purzelt. Nur ein kleiner Teil der Bienen schwirrt noch herum. Um auch diesen Flugbienen noch Gelegenheit zu geben, sich in der Kiste zu sammeln, stellt der Imker die Kiste, nun mit einem Deckel und einem Tuch teilweise überdeckt, möglichst nahe unter die Ansetzstelle, z. B. auf einen Stuhl, und stört die Bienen zunächst nicht weiter. Da mit der Traube ganz sicher auch die Königin in die Kiste gefallen ist, sind bald alle Bienen in der Kiste versammelt.

Nun hat der Imker Zeit, die für den Schwarm bestimmte Beute zurechtzumachen. Er hängt an die Stirnwand ein oder zwei ausgebaute hellbraune Waben und anschließend vier bis fünf Rähmchen mit Mittelwänden. An die geöffnete Türseite der Beute hängt er ein Vorsatzbrett.

Nun holt er die Kiste mit dem Schwarm an den Stand, faßt zunächst die mit Bienen dicht besetzte Wabe, auf der vermutlich auch die Königin sitzt, und setzt sie an die Waben in der Beute heran. Danach stellt er die Kiste mit der Öffnung nach der Beute zu auf das Vorsatzbrett. Die Wände der Kiste sind mit Bienen geradezu gepolstert. Es folgen nun einige leichte Rauchstöße und danach ein ruhiges Abstreifen des Bienenpolsters von den Seitenwänden mit einem Federwisch. Die Bienen fallen dabei auf das Vorsatzbrett und marschieren im Eiltempo in die Beute hinein. Nach wenigen Minuten sind Kiste und Vorsatzbrett bienenfrei. Fenster und Tür der Beute werden nun geschlossen.

b) Das Schwärmen der Wirtschaftsvölker bereitet dem Imker oft mancherlei Überraschungen und auch Enttäuschungen. Er pflegt z. B. die Völker im Spätsommer, um möglichst gesunde und starke Völker einzuwintern. Er hofft, sie zumindest an die Frühsommertracht (aus Raps, Akazie, Wiesenblumen) trachtstark heranzubringen. Da tritt unerwarteterweise noch vor Trachtbeginn das Schwärmen ein, und alle Vorfreude und Hoffnung des Imkers auf eine lohnende Tracht ist dahin.

Nur der Heideimker ist von solchen Enttäuschungen ausgenommen. Seine Haupttracht beginnt im Juli und reicht bis in den September hinein. Die Schwärme, die von seinen Völkern im Mai fallen, haben Zeit genug, sich bis zum Beginn der Haupttracht zu vollwertigen Trachtvölkern zu entwickeln. Darum treibt der Heideimker seine Völker sogar zum frühzeitigen Schwärmen. Wenn er hundert Völker aus dem Winter bringt, so erhält er durch das Schwärmen bis zum Trachtbeginn 300 Völker. Der *Heidje* als Spättrachtimker bezieht das Schwärmen als einen für ihn günstigen Vorgang in seine Betriebsweise ein.

Der Imker mit Frühsommertrachten dagegen muß bestrebt sein, durch besondere Maßnahmen dem Erwachen der Schwarmneigung vorzubeugen, so daß seine Völker ungeschwächt den Beginn der Frühtracht erreichen. Das geschieht,

Abb. 31: Der Heideimker ist Meister in der Beobachtung des Verhaltens am Flugloch wie des Korbinneren. Der unbewegliche Wabenbau gestattet nur eine Beurteilung von Volksstärke, Brutstand, Futterversorgung u. a. von unten her.

wie in I, 13 erwähnt, durch Ausstattung der Völker mit jungen Königinnen, durch rechtzeitiges Raumgeben und viel Bauenlassen an Mittelwänden und an Baurähmchen. Reichen diese Vorbeugungsmaßnahmen, um das Schwärmen zeitlich hinauszuschieben, nicht aus, dann heißt es für den Imker:

c) den bereits erwachten Schwarmtrieb im Interesse der bevorstehenden Ernte **abzulenken**.

Findet der Imker z. B. bei einem starken Volk am Baurahmen außer bestifteten Drohnenzellen *Weiselnäpfchen*, so sagt das, daß die Schwarmneigung trotz aller Vorbeugungsmaßnahmen bereits erwacht ist und bald zum Schwärmen führen kann. In diesem Fall nimmt er eine Brutkontrolle vor, entfernt alle Weiselnäpfchen, schneidet das Baurähmchen aus und entnimmt dem Volke etwa vier verdeckelte Brutwaben. Er fegt die Bienen dieser Waben mit vorsichtigen Bewegungen in das Volk zurück und ersetzt die entnommenen Waben durch Mittelwandrähmchen. Dadurch hat das Volk mehr Raum zum Bauen und zum Ansetzen neuer Brut erhalten. Es wird, besonders bei baldigem Einsetzen der Tracht, die Schwarmneigung außer acht lassen. Mit den entnommenen verdeckelten Waben kann der Imker schwächere Völker durch Einsetzen je einer Wabe verstärken.

d) Ähnlich wie dieses Ablenken vom Schwärmen ist die **Durchführung** des **Hopfplanes**.

Dabei werden 5 oder 6 Völker des Standes zu je einer Gruppe zusammengefaßt. An der Spitze der Gruppe steht das jeweils stärkste Volk. Die Termine für die nun folgenden Arbeitsstufen richten sich nach dem Beginn der erwarteten Haupttracht, werden also örtlich verschieden sein. Liegt der Trachtbeginn für eine Gegend etwa um den 5. Juni, so werden bereits 40 Tage vorher, also etwa um den 25. April, dem Spitzenvolk zwei verdeckelte Waben mit oder ohne Bienen *zugesetzt*, die aus den zwei nächst starken Völkern entnommen werden. Während die zwei geschröpften und mit Mittelwänden ergänzten Völker nun in Bezug auf Schwarmneigung nichts befürchten lassen, wird das Spitzenvolk durch die zugesetzten Brutwaben zur raschesten Entwicklung gereizt und vorangetrieben. Es kann infolge der erhöhten Bienenmenge sogar eine etwa vorhandene

Frühtracht (Obst, Löwenzahn, Raps) ausnutzen, es kann aber auch dem Erwachen der Schwarmneigung gefährlich nahe kommen.

Deshalb entnimmt der Imker etwa 14 Tage später, also am 10. Mai, diesem nun sehr stark gewordenen Volke 6 bis 8 verdeckelte Brutwaben, um je 3 oder 4 davon ohne Bienen den zwei nächststarken Völkern an deren Brutnest zu setzen. Das Spitzenvolk erhält, unter gleichzeitiger Ausstattung des Raumes mit Mittelwandrähmchen, die Bienen der entnommenen Waben zurück. Die Erfahrung lehrt, daß das Spitzenvolk durch diese Maßnahme zu höchstem Fleiß im Bauen, Brutpflegen und Trachteinholen angespornt wird.

Die zwei durch je 3 oder 4 Brutwaben verstärkten Völker holen in ihrer Entwicklung so auf, daß nun auch sie in etwa weiteren 14 Tagen, also um den 25. Mai, bienen- und brutvoll sind. Zu diesem Zeitpunkt etwa werden nun auch diesen zwei Völkern je 3 bis 4 Brutwaben entnommen, durch Mittelwandrähmchen ersetzt und – ohne Bienen – den drittnächsten Völkern der Gruppe zur Verstärkung beigegeben.

Die zwei Völker der dritten Stufe, die sich inzwischen auch vorwärts entwikkelt hatten, werden nun durch die Verstärkung so gefördert, daß sie bei Beginn der Tracht, etwa am 5. Juni, rechte Trachtvölker geworden sind.

Durch die Anwendung des Hopfplanes wird erreicht, daß alle 5 oder 6 Völker der Gruppe – ohne Schwärmen – bei Trachtbeginn auf der vollen Höhe ihrer Entwicklung stehen und daß den Völkern, durch die Lenkung des Imkers, Kraft und Fleiß bis zum Trachtbeginn erhalten bleiben.

e) Stellt der Imker etwa 10 Tage vor Trachtbeginn bereits Weiselzellen am Baurähmchen und auch im Brutraum fest, heißt das, daß das Volk in Kürze schwärmen wird, dann kann er, um das Volk als Trachtvolk zu erhalten, den **Schwarm vorwegnehmen**.

Am Nachmittag entleert er den Brutraum des betreffenden Volkes und setzt etwa 8 Waben mit verdeckelter Brut auf den Wabenbock. Dabei sucht der Imker die Königin und setzt ihre Wabe abseits, z. B. in eine Kiste, um die Königin nicht noch einmal suchen zu müssen.

Die Brutwaben auf dem Wabenbock werden mit einem leichten Tuch zugedeckt. Danach füllt er den entleerten Brutraum mit Mittelwandrähmchen und setzt die Wabe mit der Königin dazwischen. Die Bienen auf dem Wabenbock haben sich inzwischen vollgesaugt. Nun nimmt der Imker diese Waben, eine nach der anderen, und fegt, dabei ruhig arbeitend, die darauf sitzenden Bienen auf das vor den Brutraum gehängte Abkehrbrett. So wird eine Wabe nach der anderen bienenfrei gemacht. Die Bienen ziehen wie beim Einsetzen eines Schwarmes in die Beute ein. In dem nun kühlen und mit Mittelwänden ausgestatteten Raum fühlen sie sich auch wirklich wie ein neu eingesetzter Schwarm. Sie beginnen bald mit außerordentlichem Fleiß und Eifer zu bauen, Brut anzusetzen und Nektar und Pollen einzuholen.

Die entnommenen und bienenfrei gemachten Waben sucht der Imker zunächst nach vorhandenen Weiselzellen ab, die ausgebrochen werden, und verteilt sie auf weniger gut entwickelte Völker des Standes, die auf diese Weise für die bevorstehende Tracht in ihrer Entwicklung gefördert werden. Auf diese Weise hat der Imker das kurz bevorstehende Schwärmen in ein **»Kunstschwärmen«** abgeleitet. Er hat das starke vielversprechende Volk vor einem Zersplittern seiner Kraft bewahrt und diese Kraft für das Einholen der Tracht gesichert. Er hat, wie Armbruster sagt, »den Fleiß des Schwarmes zu seinem Verbündeten gemacht«.

f) Schwärmt ein Volk wirklich, bevor der Imker den Schwarmtrieb nach seinem Willen lenken konnte, dann kann der Imker den **Schwarm** auf folgende Weise für die bevorstehende **Tracht nutzen**: Er stellt das abgeschwärmte Muttervolk abseits und setzt auf den bisherigen Platz eine leere Beute, die er für den Schwarm mit 2 bis 3 ausgebauten hellbraunen Waben und einigen Mittelwänden ausstattet. In den noch verbleibenden Leerraum setzt er noch einige hellbraune Leerwaben, die er mit Wasser etwas übersprüht.

Danach wird der Schwarm in diese Beute eingesetzt. Gleichzeitig fliegen ihm sämtliche Flugbienen des beiseite gestellten Muttervolkes zu. Der Schwarm entwickelt sich auf diese Weise in kurzer Zeit zu einem vollwertigen Trachtvolk.

g) Bruder Adam empfiehlt in seinem Buch »Meine Betriebsweise«, bei einem Volke, das bereits Weiselzellen angesetzt hat und somit vor dem Schwärmen steht, folgendes Verfahren anzuwenden: Dem Volk wird die Königin entnommen, und alle Weiselzellen werden ausgebrochen. Das Volk bleibt 10 Tage weisellos. Danach werden die inzwischen neu aufgeführten Weiselzellen ebenfalls zerstört, und im selben Arbeitsgang wird eine junge begattete Königin zugesetzt. Eine weitere Schwarmgefahr ist bei diesem Volk gebannt.

Diese von Bruder Adam empfohlene Vorbeugung setzt voraus, daß der Imker eine junge begattete Königin zum Austausch zur Verfügung hat. Es könnte z. B. die junge Königin eines Ablegers vom vorjährigen Sommer sein.

h) Welches Volk hat geschwärmt?

Der Imker tritt in seinen Bienengarten und sieht einen Schwarm an einem Baum hängen. Er geht zunächst vor den Bienenstand und prüft den Flug der einzelnen Völker und ihr Verhalten vor den Fluglöchern. Es läßt sich daran nicht erkennen, welches Volk geschwärmt hat, und doch ist es wichtig für ihn, das zu wissen!

Die **Mehlprobe** kann es ihm sagen. Er schüttet in ein leeres Marmeladenglas einen Löffel Weizenmehl, rafft mit dem Glas etwa 10 bis 12 Bienen von der Schwarmtraube ab, deckt das Glas lose zu und läßt es auf dem Gartentisch stehen. Nach dem Einsetzen des Schwarmes läßt der Imker die Bienen aus dem Mehlglas frei fliegen. Sie sind weiß bemehlt und kehren nach einigen Rundflügen in ihren Mutterstock zurück und geben so dem Imker zu erkennen, welches Volk geschwärmt hat.

9. Das Einsetzen einer neuen Königin

In den Monaten Juni und Juli darf der Imker nicht versäumen, Jungköniginnen heranzuziehen, um damit ältere Königinnen seiner Völker zu erneuern. Das Ziel dieser Königinzucht ist ein doppeltes:

a) die Völker, deren Königinnen ins dritte Leistungsjahr gehen, durch junge, d. h. ein- oder zweijährige zu ersetzen,

b) mit diesen Jungköniginnen aus bestem Zuchtstoff gleichzeitig die Qualität der Völker in Bezug auf Fleiß, Wabenstetigkeit und Sanftmut auf hohem Stand zu halten.

Zu a: Nach immer wieder bestätigten Erfahrungen sind **ein- und zweijährige Königinnen** in ihren Leistungen **stetig und zuverlässig**. Auch Königinnen im dritten Leistungsjahr (das Geburtsjahr nicht mitgerechnet) können noch Gutes leisten, aber sie bieten nicht mehr die Stetigkeit und Zuverlässigkeit wie im ersten und zweiten Leistungsjahr. Insbesondere Königinnen, die in ihren ersten zwei Jahren starke Völker aufbauten und vom zeitigen Frühjahr bis in den Herbst hinein ohne Ruhepausen höchste Leistungen vollbrachten, sind in der Regel danach so erschöpft, daß sie diese Leistungshöhe **im dritten Jahr** nicht durchhalten können. Darum neigen Völker mit dreijähriger Königin zum **stillen Umweiseln**. Sind sie zahlenmäßig noch stark genug, leiten sie das Umweiseln meist in **Schwärmen** ab.

Der Imker, der die **Königinnen** seiner Völker **beliebig alt werden** läßt, gibt die Führung seiner Völker aus der Hand und überläßt ihre **Entwicklung und Leistung dem Zufall**.

Zu b: Das Zusetzen einer Reinzuchtkönigin und die Nachzucht von F1-Königinnen beschreiben die folgenden Abschnitte 10 und 11.

10. Das Zusetzen einer Reinzuchtkönigin

Siehe hierzu auch Kapitel I, Abschnitt 13!

a) Es hat sich bewährt, immer ein Volk mit einer Reinzuchtkönigin auf dem Stand zu haben, um davon alljährlich F1-Königinnen nachziehen zu können. Daher bestelle ich im Mai eine Sklenar-Königin beim Züchter. Am 26. Juni bringt mir die Post die Königin ins Haus. Am selben Tag erfolgt das Zusetzen.

Ich entnehme dem Briefumschlag das Versandkästchen mit der Königin und den 10 bis 12 Begleitbienen. Die blau gezeichnete Königin ist munter und beweglich wie ihre Begleiterinnen, somit ist sie auch gesund.

Bruder Adam warnt davor, eine junge Königin, die vor einigen Tagen gerade ihre ersten Eier gelegt hat, einem normal starken Volk zuzusetzen. Sie wird in einem solchen Fall nervös und unruhig und kann daher leicht abgestochen werden. Darum setze ich eine solche Königin stets in einem **Brutableger** zu.

Die Königin wird im Zimmer aus dem Versandkäfig in den Zusetzkäfig umlogiert. Ich achte dabei darauf, daß die Fenster geschlossen sind. Nun lassen wir Bienen und Königin aus dem Käufig auf den Tisch laufen. Dabei läßt sich die Königin leicht in den Zusetzkäfig einfangen. Die Begleitbienen fliegen sofort an die Fenster und werden nach dem Einfangen der Königin ins Freie gelassen. Eine Königin wird einem Volk oder einem Brutableger *stets ohne Begleitbienen zugesetzt.*

Den Zusetzkäfig mit der Königin bringe ich sofort zum Bienenstand.

b) Am Stand bilde ich den Brutableger, und zwar in einer dafür vorgesehenen Kiste, in die die folgenden Rähmchen passen:
eine Leerwabe, mit etwas Wasser übersprüht, kommt an die Stirnwand der Kiste, danach **zwei Waben mit verdeckelter Brut** mit Bienen aus einem starken Volk (ohne Königin); es folgen **zwei Futterwaben**, die gut mit Honig gefüllt sind, und **eine Leerwabe** als Abschluß.

Dazu fegen wir zur Verstärkung des Ablegers noch die Bienen von zwei Waben aus dem Honigraum.

In der Kiste befinden sich nun Jungbienen und Altbienen. Um den Altbienen die Möglichkeit zum Abfliegen zu geben, überdecke ich die Kiste mit einem passenden Brettchen und einem Tuch, lasse aber einen breiten Schlitz am Deckel offen und stelle die Kiste 20 bis 30 m weit vom Stand entfernt hinter einen Beerenstrauch. Die Kiste bleibt hier mindestens eine Stunde ungestört stehen. In dieser Zeit fliegen die Altbienen ab. Kämen sie mit dem Brutableger sofort in die neue Beute, so flögen sie von dort ab, und es bestände die Gefahr, daß sie als Räuber zurückkehrten, um sich von den Futterwaben im Ableger einen Teil zu holen, und würden den Ableger zerstören.

Nach Ablauf der Wartezeit bringe ich die Kiste mit dem Ableger auf den Stand, um die Waben, in derselben Reihenfolge wie in der Kiste, in die leere, dafür vorgesehene Beute einzusetzen. Der Zusetzkäfig, mit Blechschieber und Futterbrei verschlossen, wird dabei in eine Brutwabe eingeschnitten. Das Flugloch bleibt zunächst geschlossen.

Nachdem die Bienen in der Beute sich beruhigt haben, wird das Flugloch etwa 2 cm breit geöffnet.

Am nächsten Tag entnehme ich, ohne Rauch, noch einmal den Zusetzkäfig, verschließe ihn noch einmal mit Futterbrei, entferne aber den Blechschieber und setze Käfig und Königin wieder ins Völkchen an die bisherige Stelle.

c) Damit ist das Zusetzen der Reinzuchtkönigin im Brutableger beendet. Das Völkchen bleibt 8 bis 10 Tage völlig ungestört. Das Flugloch jedoch wird täglich beobachtet. Am dritten Tage zeigen sich in der Regel die ersten Bienen als Wächter auf dem Flugbrettchen. Das ist als gutes Zeichen zu werten. Das Völkchen fühlt sich in Ordnung und sicher. Es hat von der neuen Wohnung Besitz genommen und ist bereit, sich zu verteidigen.

Am 10. Tage wird die erste Kontrolle durchgeführt. Frische Brut wird festgestellt, und somit ist die neue Königin angenommen. Ein besonderes Suchen nach ihr unterbleibt.

Das Völkchen erhält nun allwöchentlich eine verdeckelte Brutwabe ohne Bienen zur Verstärkung, ggf. auch noch eine Futterwabe, besser noch: flüssiges Futter. Bis Ende August ist der Ableger zum überwinterungsfähigen Volk erstarkt.

11. Die Nachzucht von F1-Königinnen

Siehe hierzu auch Kapitel I, Abschnitt 14!

Auf dem Stand sind vier Völker vorhanden, deren Königinnen im Frühjahr des kommenden Jahres in ihr drittes Leistungsjahr gehen würden, also umzuweiseln sind. Eine Umweiselung im Frühjahr würde für die Entwicklung der Völker eine zeitliche Störung bedeuten, also nachteilig sein. Ich entschließe mich daher, unmittelbar nach der letzten Schleuder, nämlich in der zweiten Hälfte des Juli, mit der Nachzucht von F1-Königinnen zu beginnen.

a) Am 4. 7. entnehme ich einem der umzuweiselnden Völker die Königin. Dieses kräftige Volk, das nun das Pflegevolk für die Nachzucht werden soll, setzt daraufhin aus der in ihm vorhandenen Stiftbrut Weiselzellen an.

Acht Tage später, also am 11. 7., setze ich dem Volk mit der **Reinzuchtkönigin** eine hellbraune Wabe, die ich ein wenig mit dünnem Honigwasser übersprühe, in das Brutnest ein.

b) Am 14. 7. setze ich die Waben des Pflegevolkes auf den Wabenbock und breche dabei sämtliche vorhandenen Weiselzellen aus. Ich kontrolliere dabei jede Wabe sehr sorgfältig, besonders an den Rändern, damit keine Weiselzelle übersehen wird. Danach setze ich die Waben in derselben Reihenfolge in die Beute zurück. Gleichzeitig, d. h. im selben Arbeitsgang, entnehme ich dem Volk mit der Reinzuchtkönigin die vor zwei Tagen eingesetzte Leerwabe, die inzwischen bestiftet worden ist. Ich führe an ihr **durch die bestiftete Fläche** den **Bogenschnitt** aus und setze sie in das Pflegevolk zwischen oder an die vorhandenen Brutwaben. Das Pflegevolk hat nunmehr wieder Stiftbrut, diesmal von der Reinzuchtkönigin, und wird sofort auf dieser Wabe erneut Weiselzellen ansetzen.

Der **Bogenschnitt** wird mit dem Messer in halber Höhe der Wabe so durchgeführt, daß er bogenförmig nach unten zeigt. Den unteren Teil der Wabe entfernt man. Jedes zweite und dritte Ei (oder auch eintägige Made) am Rand des Schnittes wird mit einem Hölzchen entfernt. Auf der gegenüberliegenden Waben-Seite verfährt man ebenso, entfernt jedoch dabei die Eier bzw. Maden in anderer Reihenfolge. Zwölf Tage später, also am 26. 7., sind die Weiselzellen verdeckelt und verschulungsreif.

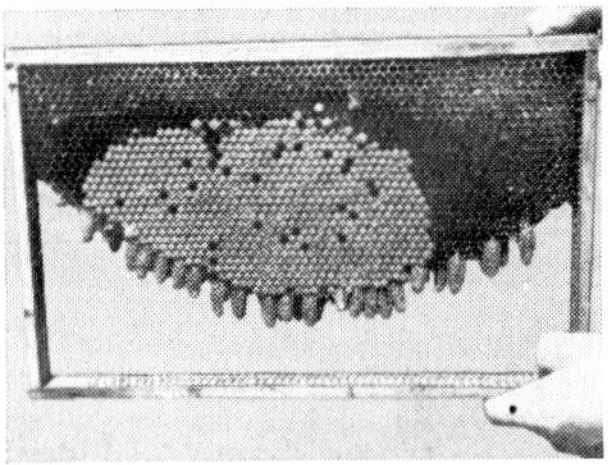

Abb. 32: Der seit langem geübte Bogenschnitt ist ein Ersatz für Imker, die sich aus irgendeinem Grunde nicht an das Umlarven heranwagen.

c) An diesem Tage bilde ich von den stärksten Wirtschaftsvölkern vier Brutableger mit je einer Leerwabe, zwei verdeckelten Brutwaben mit Bienen und ein bis zwei Futterwaben. Ich entnehme anschließend dem Pflegevolk die mit einigen Weiselzellen (am Bogenschnitt) besetzte Wabe, schneide vorsichtig die vier besten Weiselzellen, jede an einem Stück Wabe, heraus, um sie in die Brutwaben der vier Ableger einzusetzen. Das Pflegevolk selbst behält eine Weiselzelle für sich. Überzählige Weiselzellen werden ausgebrochen.

Die Ableger werden zunächst in meinen etwa 3 km entfernten Hausgarten gebracht. Nach etwa 10 Tagen sind die Königinnen der Ableger geschlüpft und begattet.

Etwa am 10. August werden die noch umzuweiselnden Völker meines Standes entweiselt, und am 20. oder 22. 8. werden die in ihnen angesetzten Weiselzellen ausgebrochen. Am selben Tag bringe ich die drei Ableger mit den jungen F1-Königinnen aus dem Hausgarten in den Bienengarten zurück, um sie in die nun leeren Honigräume der entweiselten Völker einzusetzen. Die Bruträume sind vorher anstelle der Absperrgitter durch entsprechend breite, mit einem Stift oder Nagel durchlöcherte Papierstreifen von den Honigräumen getrennt worden. Volk und Ableger zerfressen die Papiertrennwand und vereinigen sich nach kurzer Zeit.

12. Das Zeichnen der Königin

Viele Imker verschulen nicht Weiselzellen, sondern setzen die Weiselzellen im Pflegevolk in **Schlüpfkäfige**, lassen also die Königinnen im Schlüpfkäfig schlüpfen, zeichnen sie sofort und verschulen danach. Ich hatte immer einige Bedenken gegen das Zeichnen **vor** dem Begattungsflug, zum Beispiel die, daß das farbige Schildchen auf dem Rücken der Königin störend auf die Drohnen wirken könnte. Inzwischen ist mir von Imkern, die so verfahren, bestätigt worden, daß meine Bedenken unbegründet sind. Und doch habe ich Grund, bei meiner Verfahrensweise zu bleiben. Da mein Bienenhaus von meiner Wohnung entfernt liegt, muß ich das Zeichnen der Königin im Bienenhaus vornehmen, dessen Bretterwand natürlicherweise nicht bienendicht ist. Als ich vor einigen Jahren eine Jungkönigin gezeichnet hatte und im Begriff war, sie in den Zusetzkäfig zu tun, entwischte sie mir aus den Fingern. Die Finger müssen ja beim Festhalten der Königin sehr behutsam zufassen. Ich versuchte selbstverständlich die Entflohene wieder einzufangen, doch vergeblich. Im nächsten Augenblick entschlüpfte sie durch einen Ritz in der Bretterwand und war verschwunden. Ich ärgerte mich sehr über den Verlust. Am nächsten Tag setzte ich das Zeichnen fort, und siehe da, eine zweite Königin entschlüpfte mir.

Nach einigen Tagen kontrollierte ich die Ableger. Ich war der Überzeugung, frisch angesetzte Weiselnäpfchen in den betreffenden Ablegern zu finden. Wie erstaunt war ich jedoch, in jedem dieser Ableger die von mir gezeichnete Königin in munteren Bewegungen wiederzufinden. Die Königinnen waren also nach der Flucht schnurstracks zu ihren Völkchen zurückgekehrt. Die Erklärung dafür war nicht schwer: sie waren in den letzten 14 Tagen begattet worden, hatten sich vor dem Paarungsflug durch wiederholtes Vorspielen ortskundig und anflugsicher gemacht und infolgedessen ihr etwa 30 m entferntes Kästchen sicher wiedergefunden. Bei einem Zeichnen vor dem Paarungsausflug hätten sie bei ihrer Flucht irgendein Standvolk aufgesucht und wären dort sofort abgestochen worden.

Mit welchen Farben die Königinnen zu zeichnen sind, hat der DIB für die einzelnen Jahre festgelegt. Es ist praktisch, sich folgende Übersicht zu notieren und an der Innenseite einer Beutentür bzw. im Bienenhaus anzubringen:

blau in den Jahren	1975	1980	1985
weiß in den Jahren	1976	1981	1986
gelb in den Jahren	1977	1982	1987
rot in den Jahren	1978	1983	1988
grün in den Jahren	1979	1984	1989

Beim Zeichnen ist der Imker einhändig, d. h., die linke Hand ist ganz von der Königin in Anspruch genommen: sie hält die Königin mit Daumen, Zeige- und Mittelfinger fest bzw. hält die Königin unter dem Zeichennetz gefangen, die rechte Hand führt das Zeichnen mit den Kleingeräten allein durch, die daher wie folgt zum Greifen bereit liegen müssen: eine 2 bis 3 cm dicke Schaumgummiplatte, etwa in der Größe 20 × 30 cm, einige Opalitplättchen der betreffenden Jahresfarbe, das Gläschen mit Spirituslack, aufgeschraubt und in eine niedrige Dose senkrecht aufgestellt, zwei stumpf zugespitzte Streichhölzer, ein Zusetzkäfig, geöffnet, und das Gefäß mit Futterbrei. Diese Zeichengeräte sind in jedem Imkereigeschäft zu kaufen.

Abb. 33: Arbeitsgeräte zum Zeichnen der Königin

a) Abfangerät *Clips*

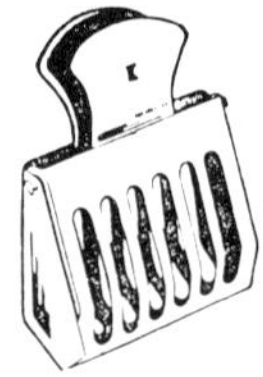

b) Zeichenrohr mit beweglichem Kolben

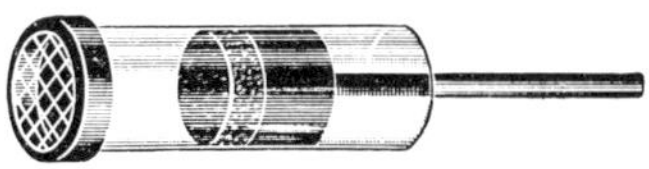

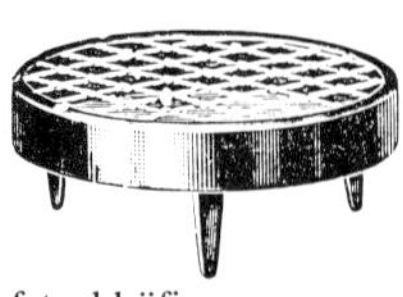

c) Waben-Aufsteckkäfig

Ich öffne den ersten Ableger und finde die Königin auf einer Wabe mit offener Brut. Mit dem Abfanggerät *Clips* ist sie leicht gefangen. Mitgefangene Arbeitsbienen fliegen durch das Gitter ab.

Das Zeichnen führe ich selbst durch. Ich setze mich an den Tisch und lasse die Königin aus dem *Clips* frei auf die Schaumgummiplatte laufen. Dabei fasse ich sie mit der linken Hand behutsam mit Daumen, Mittel- und Zeigefinger so, daß ihr Rükkenschild frei bleibt. Mit der rechten Hand bringe ich nun mit einem Streichholz ein Tröpfchen Spirituslack auf das Rückenschild. Unmittelbar danach fasse ich das andere Streichholz, benetze das Ende an

d) *Zander*-Schlupfkäfig

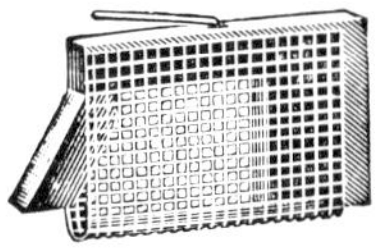

e) Zusetzkäfig *Iltis*

f) Zusetzgitter aus Plastik

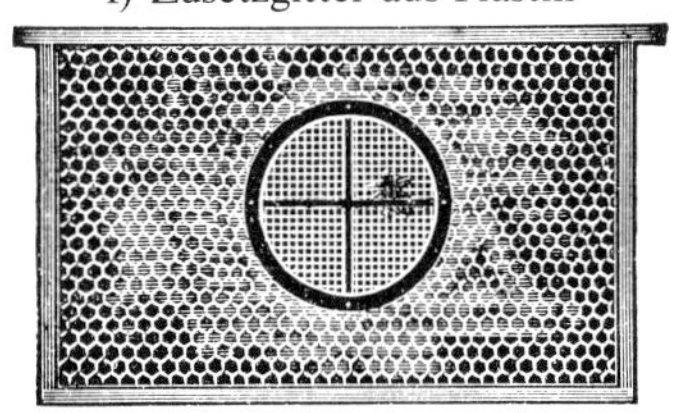

g) Zusetzgitter nach *Dr. Wohlgemuth*

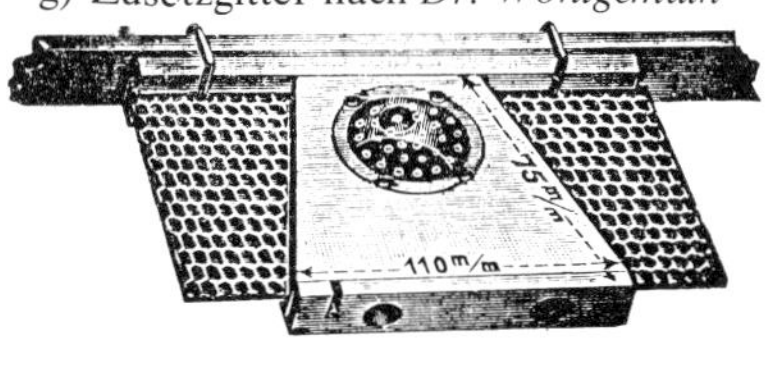

meinen Lippen, nehme damit ein Opalitplättchen auf und bringe es mit sanftem Druck auf das Lacktröpfchen auf dem Rückenschild der Königin. Einige Sekunden später lasse ich die Königin aus den Fingern frei und in den Zusetzkäfig laufen, den ich mit dem Blechschieber und darüber mit Futterbrei verschließe.

Den Käfig mit der Königin bringe ich ohne Verzögern in den Ableger zurück, ziehe vor dem Einsetzen aber den Blechschieber heraus, damit die Bienen die Königin freifressen können.

In der gleichen Weise erfolgt das Zeichnen der nächsten Königin, nur daß ich diesmal die Königin nicht mit den Fingern festhalte, sondern das Ringnetz über sie stülpe und damit sanft gegen die Schaumgummiplatte so festdrücke, daß ihr Rückenschild unter einer Netzmasche freiliegt.

Das Zurücksetzen der gezeichneten Königin im Käfig ist eine Vorsichtsmaßnahme. Die Königin ist mit den Fingern gefaßt worden, und der Geruch davon haftet ihr gewiß noch an. Dazu hat der Lack für die Bienen einen penetranten Duft. Die Königin ist zudem noch aufgeregt, rennt vielleicht nervös auf den Waben herum. Da liegt es nahe, daß die Bienen ihres Volkes sie als Fremdling ansehen, sie überfallen, einknäueln und töten. Das wäre ein erheblicher Verlust. Im Zusetzkäfig mit Futterbreiverschluß kann der Königin nichts passieren.

Die Betreuung des Volkes wird dem Imker durch das Zeichnen der Königin sehr erleichtert. Wie einfach und zeitsparend ist nun das Heraussuchen einer gezeichneten Königin! Ein Blick auf die mit Bienen dicht besetzten Waben genügt, um das farbige Pünktchen zu entdecken, das langsam durch die Bienenmassen dahinzieht. Das Zeichnen ist auch eine sichere Kontrolle für die Altersbestimmung der Königin, ferner ein sicheres Merkmal im nächsten oder übernächsten Jahr, ob das Volk still umgeweiselt oder gar geschwärmt hat. Fehlt die gezeichnete Königin, so kann der Imker daraus sofort einen sicheren Schluß ziehen.

13. Das Honigschleudern sowie Behandlung und Pflege des Honigs

Siehe hierzu auch Kapitel III, Abschnitt 1!

Das Honigschleudern ist die Ernte des Imkers. Der von unseren Bienen gelieferte Honig ist ein sehr feines und edles Produkt, das nicht verbessert werden kann. Der Imker muß bestrebt sein, es durch Schleudern, Nachbehandlung und Pflege in seiner Güte zu erhalten. Sauberkeit muß daher oberster Grundsatz sein.

a) Als erstes ist der **Schleuderraum** herzurichten. Wenn der Bienenstand sich im eigenen Hausgarten befindet, ist es selbstverständlich, daß im Haus, und zwar in der Küche oder Waschküche, geschleudert wird. Diese Räume sind sauber, können bienendicht geschlossen werden, haben Wasser und Handtuch bereit, ebenso Tisch und Schüsseln und bieten meist auch genügend Raum für Schleuder und Kübel und für freies Bewegen der Hilfspersonen.

Als Schleuderraum kann ein abgetrennter Raum im Bienenhaus, für Wanderimker auch ein dicht schließendes Zelt, dienen.

b) Bevor der Imker die Zeit für das Schleudern festsetzt, muß er sich überzeugen, daß der Honig die **erforderliche Reife** besitzt. Von der Reife des Honigs hängt in hohem Maß seine Qualität und Haltbarkeit ab. Noch nicht ausgereifter Honig enthält in der Regel zuviel Wasser, das sich nach der Schleuderung nicht mehr beseitigen läßt. Bei längerer Lagerung wird dann der Honig in Gärung übergehen und verderben. Die Bienen, die sich aus dem Honig ein unbegrenzt haltbares Winterfutter bereiten, können am besten beurteilen, wann der Reifezustand erreicht ist. Dann nämlich konservieren sie das köstliche Gut, indem sie die Zellen verdeckeln.

Abb. 34: Verdeckelte Honigwabe

Nun muß zum Schleudern nicht jede Wabe bis zur letzten Zelle verdeckelt sein. In der Regel ist auch eine Honigwabe, die zu etwa $^2/_3$ ihrer Fläche verdeckelt ist, schleuderreif.

c) Für die Honigernte gilt die grundsätzliche Forderung, daß die **Bienenvölker** bei der Wabenentnahme weitgehend zu **schonen** sind. Die Honigentnahme darf nicht zu einem Kampf zwischen Imker und Bienen ausarten. Sie soll möglichst so vor sich gehen, daß die Bienen das Vorhaben des Imkers kaum gewahr werden. Um das zu erreichen, ist das

Abb. 35: Entdeckelungswerkzeuge – Gabel, Messer, Walze

Schleudern stets bei bienengünstigem Wetter vorzunehmen. In einem solchen Fall sind die meisten Flugbienen draußen bei der Sammelarbeit, und die im Stock verbliebenen Bienen sind mit der Übernahme, dem Ein- und Umlagern des Nektars bzw. Honigs so beschäftigt, daß sie auf die Arbeit des Imkers, wenn sie ruhig und vorsichtig geschieht, kaum achten und somit den Imker nur wenig belästigen.

Während der **Schleuderarbeit** dürfen keine Honigtropfen oder Wabenreste an oder auf den Beuten, auf dem Fußboden oder außerhalb des Standes unbeachtet liegenbleiben. Der davon ausströmende Honigduft macht die Völker selbst bei guter Tracht, erst recht bei trachtloser Zeit, aufgeregt und löst Räuberei aus, die ein Weiterarbeiten des Imkers oft unmöglich macht und zu Maßnahmen zwingt, die Tausenden von Flugbienen das Leben kosten kann. Darum ist vertropfter Honig sofort mit Lappen und Wasser zu beseitigen.

Die **Wabenentnahme** aus dem Honigraum muß folgendermaßen vor sich gehen: Die Honigwaben mit ansitzenden Bienen werden, ohne viel Rauch zu geben, behutsam aus dem Honigraum entnommen, auf den Wabenbock oder in eine Kiste gesetzt und lose zugedeckt. Es ist den Bienen ein paar Minuten Zeit zu lassen, sich vollzusaugen. In dieser Zeit setzt der Imker ausgeschleuderte Waben

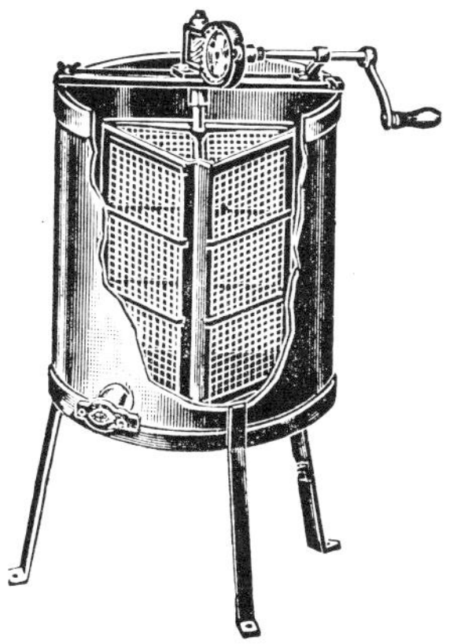

Abb. 36: Einfache Honigschleudern mit Oberantrieb:
links: Handantrieb über Schneckenradgetriebe,
unten: Elektro-Oberantrieb

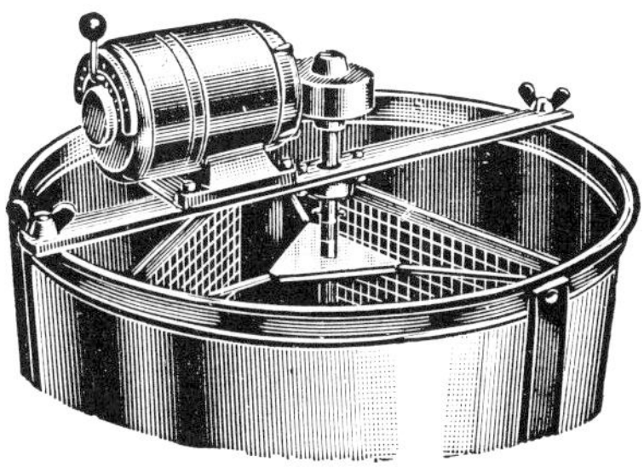

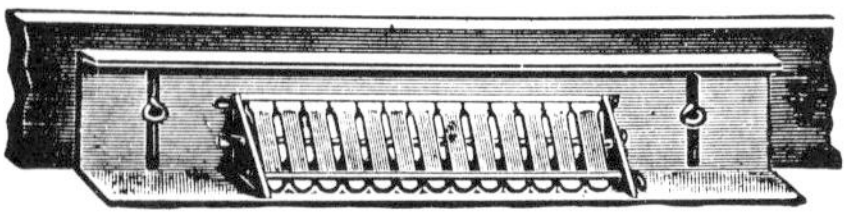

Abb. 37: Diese Bienenflucht wird vor das Honigraumflugloch angesetzt.

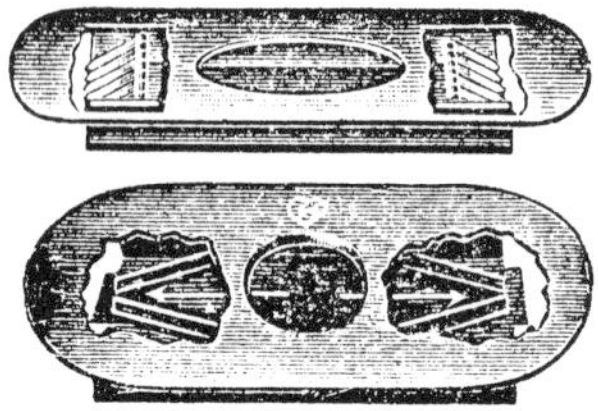

Ovale Bienenflucht mit 2 Ausgängen; sie wird bei Magazinbeuten in das zwischen die Zargen eingelegte Trennschied eingelassen.

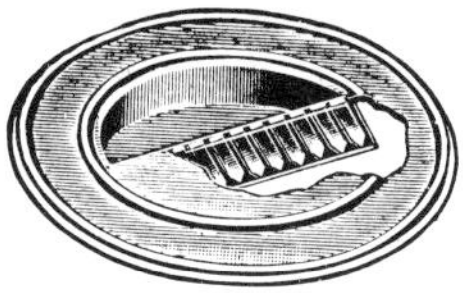

In der gleichen Art kann die runde Bienenflucht Verwendung finden.

von einem anderen Volk in den Honigraum, so daß er bis zur Hälfte gefüllt ist. Nun stellt er immer zwei volle Honigwaben vom Wabenbock in den noch freien Honigraum an die Seitenwände. Ein Teil der Bienen wandert sofort von den Waben in das Innere des Raumes. Der Rest wird behutsam abgefegt. Die bienenfrei gemachten Honigwaben kommen in eine andere Kiste und darin zur Schleuder.

Ein sehr wirksames Mittel, den **Honigraum bienenfrei** zu machen, ist die Anwendung einer Bienenflucht. Bei Beuten mit Hinterbehandlung wird der Honigraum durch Einschieben einer passend zugeschnittenen Pappe oder mit einem Blech zum Brutraum hin bienendicht abgedeckt, dafür in das bisher verschlossene Flugloch im Honigraum eine **Bienenflucht** eingeführt. Die einfachste Bienenflucht ist ein Glasröhrchen von etwa 2 cm Durchmesser, das in das Flugloch so eingeführt wird, daß es nach dem Stockinnern zu mit der Stirnwand glatt abschneidet, nach außen zu aber 2 bis 3 cm über die Stirnwand hinausragt. In einigen Stunden, besser noch bis zum nächsten Tag, an dem zu schleudern geplant ist, verlassen die Bienen den Honigraum durch das Röhrchen, ohne dorthin zurück zu können, da sie wegen des überstehenden Röhrchenrandes den Eingang nicht finden.

Andere Konstruktionen sehen vor, daß die Bienen aus dem Honigraum nicht nach außen, sondern in den darunter befindlichen Brutraum entweichen können. Sie lassen sich insbesondere bei Magazinen verwenden, deren Honigräume keine Fluglöcher besitzen.

d) Nach dem Schleudern bedarf der Honig, um zu einer einwandfreien verkaufs- und tischfertigen Ware zu werden, noch einer sorgsamen Behandlung durch den Imker. Obwohl der Honig aus der Schleuder durch ein Doppelsieb in den Eimer geflossen ist, befinden sich in ihm doch noch ganz kleine Wachs- und Pollenteilchen, die sich beim Entdeckeln der Waben ihm beigemischt haben. Man gießt den Honig aus dem Eimer in einen größeren Kübel (etwa für 50 Pfd.), den die Gerätefabriken aus Weißblech liefern. Der honiggefüllte Kübel wird in einen Raum gestellt, der trocken und völlig frei von Gerüchen sein muß. Der Kübel bleibt hier offen, nur mit einem sauberen, faserfreien Tuch überdeckt, etwa 8 Tage unbewegt stehen. In dieser Zeit steigen die winzigen Wachs- und Pollenteilchen im Honig an die Oberfläche, wo sie mehrmals mit einem flachen Löffel abgeschöpft werden. Diese sogenannte **Schwereklärung** beruht auf der Tatsache, daß leichte Fremdteilchen im Honig, auch Luftbläschen, nach oben steigen und eine weiße Schaumschicht bilden. Nach dieser Klärung ist der Honig tischfertig.

Jeder **Blütenhonig** wird nach kürzerer oder längerer Zeit, je nach Blütenart, fest, d. h., er **kristallisiert** oder **kandiert**. Bei Rapshonig tritt dieses Kandieren meist schon nach zwei bis drei Wochen, bei den meisten Blütenhonigen dagegen nach zwei bis drei Monaten ein. Das Kandieren ist ein Zeichen, daß der Honig echt ist.

Bei ungehindertem Kandieren wird der Honig fest und hartsteif, dazu oft grobkörnig. Um ihn danach wieder flüssig zu machen, wird er in einem Wasserbad erwärmt. Man stellt das Gefäß mit dem festen Honig in ein mit Wasser gefülltes größeres Gefäß und erwärmt das Wasser bei kleiner Flamme allmählich bis auf 40 Grad. Keinesfalls darf die Erwärmung höher als 40 Grad erfolgen, da die im naturbelassenen Honig vorhandenen Fermente und Inhibine (bakterienzerstörende Substanzen) hitzeempfindlich sind und aus dem Honig schwinden würden.

Das grobkörnige Kandieren des Honigs kann durch Rühren verhindert werden. **Erst klären, dann rühren** – heißt dabei die zeitliche Folge. Das Kandieren des Honigs beginnt damit, daß sich an den Seitenwänden und am Boden des Gefäßes kleinere und größere Kristalle ansetzen, dann folgt grobkörniges Kristallisieren. Werden die ersten Kristalle rechtzeitig zerstört und zerrieben, so bleibt die Kristallbildung für den Gesamtinhalt feinkörnig und der Honig streichfähig.

Als bestes Rührgerät hat sich ein Dreikantstab aus Ahorn oder Weißbuche bewährt. Ist der Honigkübel etwa 40 cm hoch, so empfiehlt sich ein Rührstab von 80 cm Länge. Die Dreikantseiten sollten eine Breite von 4 bis 5 cm haben und bis zur Hälfte des Stabes reichen. Die oberen 40 cm des Stabes sind abzurunden, um ein bequemes Anfassen mit den Händen zu ermöglichen. Das Rühren dauert pro Kübel etwa 5 Minuten; es ist in den folgenden Tagen zu wiederholen.

Das Rühren ist auch noch aus einem anderen Grund von Vorteil: Die im Honig etwa zu gleichen Teilen enthaltenen Trauben- und Fruchtzucker kristallisieren nicht gleichzeitig. Die Kristalle des Traubenzuckers, die sich zuerst bilden, sinken im Honig nach unten und setzen sich am Boden und an den Gefäßwänden ab, während der länger flüssig bleibende Fruchtzucker nach oben steigt. Hier zieht er, da er hygroskopisch ist, oft auch noch Wasser aus der Luft an und wird dadurch dünner. Bei der Feststellung, daß der Honig nach unten und an den Seitenwänden dick bzw. fest, oben und in der Mitte aber dünnflüssig ist, entsteht leicht der Eindruck eines unreif geernteten oder gar verdorbenen Honigs. Ein rechtzeitiges und ergiebiges Rühren verhindert die Trennung der Zuckerarten und bewirkt eine gleichmäßige Konsistenz.

Ist an einen sofortigen Verkauf des Honigs nicht gedacht, so kann er bei **richtiger Lagerung** ohne Schwierigkeit und ohne Nachteil für die Ware längere Zeit gelagert werden. Honig ist im Gegensatz zu anderen landwirtschaftlichen Produkten (wie etwa Obst und Gemüse) durchaus lagerfähig. Voraussetzung dafür ist ein Lagerraum, der trocken und kühl ist. Honig nimmt leicht Fremdgerüche an. Es ist nicht zu empfehlen, die Honigeimer in einen Raum zu stellen, in dem die Winterkartoffeln aufbewahrt werden, die meist einen sehr kräftigen und herben Geruch verbreiten.

Für längere Lagerung sind stets Honigkübel aus Weißblech oder Aluminium zu verwenden, deren Deckel mit Gummieinlagen und Spannverschlüssen versehen sind.

Abb. 38: Das verkaufsfertige Einheitsglas des Deutschen Imkerbundes

14. Ableger und ihre Verwendung innerhalb der imkerlichen Betriebsweise

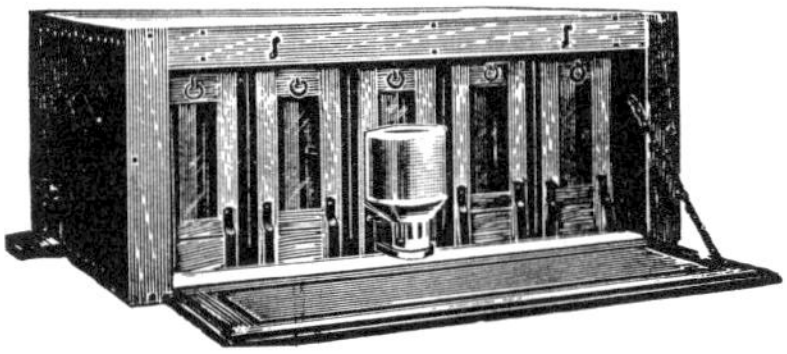

Abb. 39: Fünfteiliger Ablegerkasten für die Überwinterung

Durch Ablegerbildung kann der Imker ein starkes Volk, das kurz vor Beginn der Haupttracht Schwarmneigung zeigt, vom **Schwärmen ablenken**. Durch Ablegerbilden kann der Imker die Zahl der **Standvölker vermehren**. (Vgl. II, 10b!) Durch Ableger kann der Imker F1-Königinnen als **Ersatz für ältere Königinnen** jederzeit bereithalten. (Vgl. II, 11c!) Durch Ableger kann der Imker schwächere Standvölker **verstärken** und **umweiseln**. (Vgl. II, 2b u. 3b!) Ableger kann der Imker im Honigraum seiner Standvölker **überwintern**, so daß sie bei etwaigem Weiselloswerden eines Volkes während des Winters im Frühjahr eine wertvolle Reserve darstellen. Ableger sind somit jederzeit zur Verfügung stehende **Helfer des Imkers**, die die Führung seiner Völker sicher machen.

Imker mit zwanzig, dreißig und mehr Völkern werden vier, fünf und mehr Ableger überwintern. Sie legen sich für diesen Zweck doppelwandige Ablegerkästen zu, in denen sie vier oder fünf Völkchen in einem Raum, lediglich durch Schiede getrennt, unterbringen können.

Bruder Adam, der in Dadant-Magazinen (Breite 46 cm, Höhe 27 cm) imkert, überwintert in vierteiligen Ablegerkästen mit halben Dadanträhmchen.

Wird eine Königin dieser überwinterten Ableger für ein Wirtschaftsvolk benötigt, so wird sie einem dieser Ableger entnommen. Der dadurch weisellos gewordene Ableger wird mit dem benachbarten vereinigt, indem man das Schied zwischen beiden Völkern entfernt.

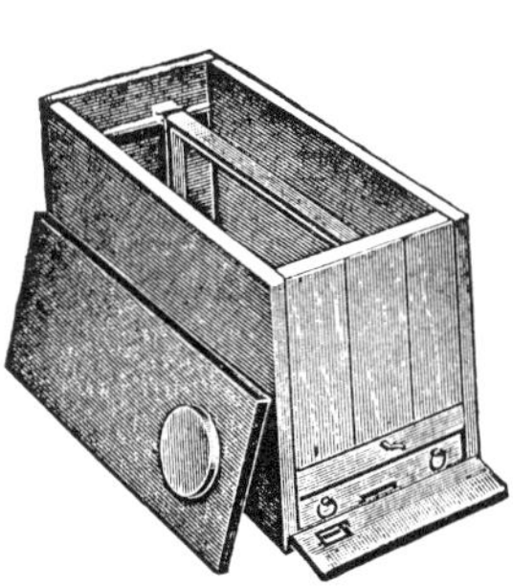

Abb. 40: Ablegerkasten für Ober- und Hinterbehandlung

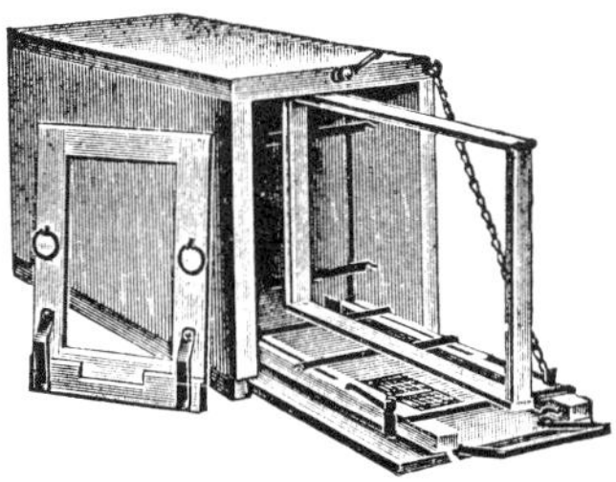

15. Die gebräuchlichsten Beuteformen

Von der Art der Beute hängt wesentlich die Betriebsweise ab, oder anders gesagt: die beabsichtigte Betriebsweise und die Beutenart müssen möglichst aufeinander abgestimmt sein. Die Art der Beute bestimmt, wie die Arbeiten an den Völkern durchgeführt werden können. Der eine Imker betreut einen großen Stand und kann dabei für das einzelne Volk nur wenig Zeit aufwenden. Dem andern Imker ist die Möglichkeit zu einer gemächlicheren Arbeitsweise gegeben.

Auch die persönliche Neigung für diese oder jene Art der Arbeit spielt eine Rolle. Auch die vorhandenen Trachtverhältnisse sind bei der Beutenwahl zu berücksichtigen.

Viele Jungimker übernehmen die Imkerei vom Vater oder einem Verwandten. Das sind die günstigsten Fälle für einen Beginn, denn die Übernahme kann meist ohne Geldausgaben erfolgen, und es entfällt zunächst auch die Entscheidung für die neue Beutenart, bis schließlich auf Grund eigener Erfahrungen in der Betriebsweise eine eventuelle Modernisierung des Standes vorgenommen werden kann.

Die Beute ist mehr als nur die Wohnung des Bienenvolkes.

Das Bienenvolk ist heute wie vor Tausenden von Jahren ein Wildtier, das mit Gift und Stachel ausgerüstet ist und das sich damit gegen jede Störung rücksichtslos verteidigt. Erst die Beute mit beweglichen und herausnehmbaren Waben hat es möglich gemacht, das Wildtier Bienenvolk in seinem Wesen kennenzulernen und es nach dem Willen des Imkers zu lenken. Die Beute ist das dem Imker gegebene Instrument, um das Bienenvolk als Haustier halten und es wirtschaftlich voll nützen zu können. Ist es da ein Wunder, daß die Imker immer wieder an Verbesserungen und Veränderungen der Beute tüfteln?

Die z. Zt. vorhandenen **Beutesysteme** lassen sich in drei Gruppen aufteilen:

I. in **Hinterbehandlungsbeuten**, die gegenüber der Stirnwand ein herausnehmbares Fenster und eine dicht schließende Tür besitzen, also nur eine rückseitige Behandlung der Völker zulassen,

II. Oberbehandlungsbeuten,

III. in Beuten, die eine **Kombination der Gruppen I und II** darstellen, also eine Behandlung der Völker von oben und von der Rückseite her gestatten. Bei diesen Beuten steht bzw. hängt der Wabensatz im Brut- und Honigraum auf Gleitschienen, mittels denen er aus dem Beuteraum geschlossen herausgezogen und die einzelne Wabe nach oben herausgenommen werden kann. Das sind die sogenannten Ausziehbeuten.

Zur Gruppe I gehören:

1. Die Normalmaß-Breitwabenbeute, Rähmchenmaß: 37 cm × 22,3 cm. Die Waben stehen quer zum Flugloch. Brutraum und Honigraum sind gleich groß.
2. Die Einheits-Blätterbeute-Rähmchen im Normalmaß stehen in Längsstellung zum Flugloch (auch Kaltbau genannt). Brut- und Honigraum sind gleich groß.

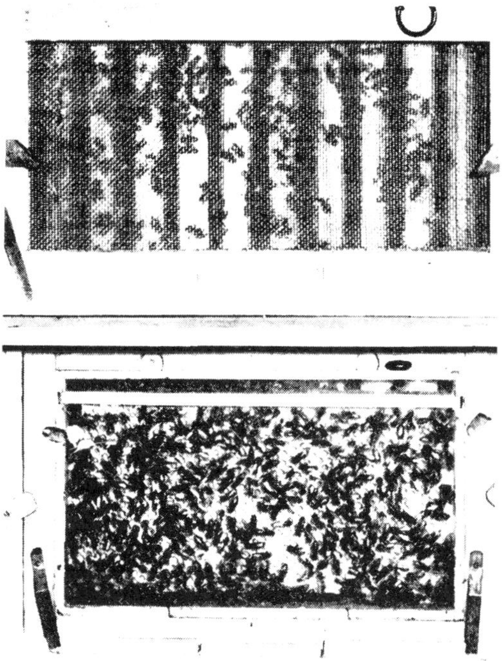

Abb. 41: Einheitsblätterbeute mit Baurahmen im Brutraum und Lüftungsgitter im Honigraum

3. Die Nenninger-Hoehn-Dreiraumbeute, alle Räume sind gleich groß, kann in drei Maßen geliefert werden, entweder Normalmaß: 37 × 22,3 cm oder Freudenstaumaß: 33,8 cm × 20 cm oder Kuntzschmaß: 33 × 25 cm.

4. Die Kuntzschbeute: Im Brutraum Längsstellung der Waben, der Brutraum kann in einen Dreier- u. in einen Sechserraum geteilt werden. Waben im Honigraum in Querstellung (Warmbau!).

Zur Gruppe II gehört:

Das Magazin. Das Magazin besteht aus einer Bodenplatte, mehreren Zargen und einem Deckel.

Zur Gruppe III gehört:

Die Auszugsbeute:

1. Die Hölzersche Vierraumbeute. Im Freudensteinmaß mit Ausziehkasten und Auszugsgriff.

2. Rieders Auszugsbeute.

Werturteile über die verschiedenen Beutetypen im einzelnen hier abzugeben ist nicht beabsichtigt. Jedem Jungimker oder Imkeranwärter sei jedoch empfohlen, sich bei erfahrenen Nachbarimkern diese oder jene Beutenart anzusehen und sich über deren Betriebsweise informieren zu lassen. Ebenso besteht die Möglichkeit, sich im Imkerverein oder in einem Bienen-Institut näher beraten zu lassen.

Die Beuten unter I und III lassen sich übereinander und dicht nebeneinander stellen. Sie nehmen durch diese Stapelfähigkeit wenig Platz bzw. Bodenfläche ein und lassen sich daher in einem Bienenhaus gut unterbringen. Durch das enge Zusammenstellen bleibt die Innenwärme der Beuten geschützt. Die Völker erwärmen sich gegenseitig, was einen früheren und auch sicheren Brutbeginn ermöglicht. Bei der Unterbringung im Bienenhaus können die Beuten einwandig gebaut sein, was eine Senkung der Anschaffungskosten bedeutet. Man kann Porestplatten von ein bis zwei cm Dicke zwischen die eng zusammengeschobenen Seitenwände der Beute einlegen.

Die Beuten mit Oberbehandlung, die Magazine, erfordern eine Aufstellung außerhalb eines geschlossenen Bienenhauses. Sie müssen daher stets warmwandig gebaut sein und bedürfen eines Dachschutzes.

Nachteile und **Vorteile** der **Magazinbeute:**

1. Nachteile:

Magazine lassen sich nicht stapeln; zu ihrer Aufstellung wird somit erheblicher Platz benötigt.

Abb. 42: Moderne Magazinbeute mit wetterfestem Dach und hohem Unterboden als Sockel, Wander- und Futterraum

Der Wärmeverlust ist bei Magazinen größer als bei Stapelbeuten. Die Arbeit mit ganzen Zargen ist schwerer als die Arbeit mit Einzelwaben. Um zum Brutraum zu gelangen, muß man die Honigraumzargen erst abnehmen.

2. Vorteile:

Magazine sind schneller zu behandeln als Hinterbehandlungsbeuten, denn beim Magazin ist die Möglichkeit gegeben, mit ganzen Räumen anstatt mit einzelnen Waben zu arbeiten.

Das Magazin bietet dem Imker volle Schichten- und Wabenbeweglichkeit. Jede nur erdenkliche Betriebsweise, die es früher gab, heute gibt oder morgen geben wird, läßt sich am besten im Magazin durchführen.

Wer mit Magazinen arbeitet, braucht keine separaten Ablegerkästen.

Der Magaziner braucht kein Bienenhaus.

Das Magazin ist der einzige Beutentyp, der stets der jeweiligen Volksstärke bzw. der beabsichtigten Volksstärke voll angepaßt werden kann. Der Vergrößerung nach oben sind keine Grenzen gesetzt.

Abschließend seien zwei weitere Urteile über das Magazin beigefügt.

Dr. Ruttner sagt: »Wir sind der Meinung, daß ein Berufsimker nur mit einer Oberbehandlungsbeute wirtschaftlich imkern kann. Wir haben die Erfahrung gemacht, daß im Magazin in derselben Zeit doppelt soviel Völker durchgesehen werden können wie in einer Auszugsbeute.«

Dr. Böttcher schreibt: »Ich persönlich bin der Ansicht, daß in der Erwerbsimkerei dem Oberlader, dem Magazin, die Zukunft gehört.«

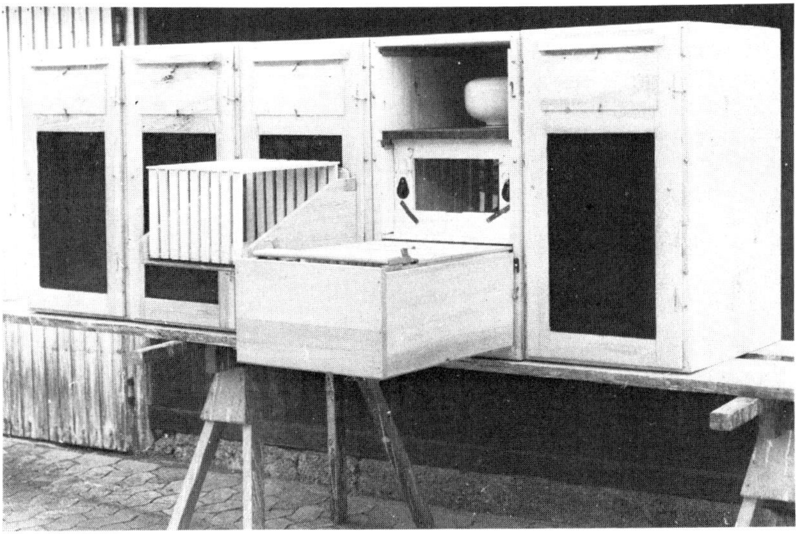

Abb. 43: Nenninger-Lotz-Dreiraum-Auszugsbeute (Rückseite)

III. Erzeugnisse der Bienenzucht

1. Honig

Die Erzeugnisse der Bienenzucht sind Honig, Wachs, Pollen, Kittharz und Gelee Royale.

Honig ist nicht, wie viele Laien meinen, ein fertiges Naturprodukt, das sich in den Blüten bildet und das die Bienen nur hereinzuholen hätten. Das, was die Natur dazu liefert, sind nur Rohstoffe: Nektar in den Blüten und Honigtau an Rinde und Blättern.

Was ist **Nektar**? Das Wort stammt aus dem Griechischen und bedeutet dort soviel wie »Göttertrank«, also etwas ganz Besonderes, etwas ganz Gutes, ein Saft aus den Blüten, womit sich die Götter ewige Jugend erwarben, ein verjüngendes und erhaltendes Lebenselixier. Doch diese sprachliche Deutung sagt dem Imker zuwenig. Er möchte mehr Sachliches darüber wissen, z. B., was für Süße es ist, die den Nektar so wertvoll macht, und wie die Natur diese Säfte herstellt.

Die Nektarbildung ist eine sinnvolle, aber auch eine außerordentlich empfindliche Lebensäußerung der Pflanzen. So bestehen zwischen der Nektarbildung in den Blüten und der Fruchtbildung unverkennbare Zusammenhänge. In der Regel beginnt die Nektarbildung und Nektarausscheidung mit dem Aufblühen der Blüten und endet, sobald die beginnende Samenbildung die vollzogene Befruchtung anzeigt. Auch durch Luft- und Bodenverhältnisse wird die Nektarausscheidung sichtlich beeinflußt. Luftfeuchtigkeit, Temperatur und Windrichtung fördern oder hemmen die Nektarbildung in hohem Maße. Hoher Wassergehalt der Luft bei warmen südlichen oder südwestlichen Luftströmungen öffnet die Nektarquellen; trockene Ost- und Nordwinde lassen sie rasch versiegen.

Den Nektar scheiden kleine Drüsen, die **Nektarien**, in den Kelchen der Blüten aus. Manche Pflanzen, z. B. Futterwicken und Kirschen, besitzen solche Nektarien in den Blattwinkeln. Wir unterscheiden deshalb zwischen floralen (in der Blüte befindlichen) und extrafloralen Nektarien.

Die andere Trachtquelle für unseren Honig ist der **Honigtau**. Auch Honigtau ist noch nicht fertiger Honig, sondern nur ein Rohstoff dafür. Auch er stammt, wie der Nektar, aus den Zuckersäften der Pflanzen, wird von diesen aber nicht durch Nektarien angeboten. Die Bienen finden ihn vielmehr an Blättern, Stengeln und Zweigen lebender Pflanzen, und zwar dort, wo Sauginsekten (Lachniden) die Blatt- und Rindenhaut angestochen haben, so daß der süße Saft hervorsickert. Der Saft quillt in manchen Gegenden und in besonders heißen Sommern so reichlich, daß er zu einer ergiebigen Trachtquelle wird. Der aus solchem Honigtau stammende Honig wird **Blatthonig** genannt. Unter den Nadelhölzern sind insbesondere Fichten, Weißtannen und Edeltannen als ergiebige Honigtaulieferanten bekannt. Diesen Honig nennt man in der Regel **Waldhonig**. Der von den Sauginsekten zum Hervorsickern gebrachte und von ihnen auch ausgeschiedene Honigtau ist (nach Dr. Zander) mikroskopisch rein und klar.

Die Rohstoffe, Nektar und Honigtau, die die Bienen sammeln, werden durch körpereigene Stoffe ergänzt und zu Honig verarbeitet.

Eine Darstellung, wie diese Säfte in den Pflanzen selbst entstehen, soll nun folgen. Zwei Zeichnungen machen uns das Entstehen von Nektar und Honigtau in den Pflanzen klar.

Abb. 44:

Assimilationsstrom bringt die Bildungs- und Baustoffe aus den Blättern in alle Teile der Pflanze,

Transpirationsstrom bringt Wasser und Nährsalze aus dem Boden in die Blätter.

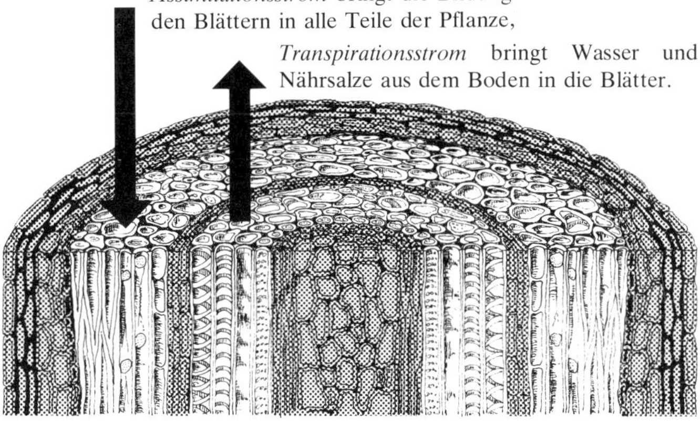

Jede Pflanze, ob Strauch oder Baum, ist ein selbständiger und vielgliedriger Wirtschaftsbetrieb, der mit eigenen Transportmitteln die von ihm benötigten Rohstoffe aus der Erde und aus der Luft herbeiholt, sie in die vielen ihm zur Verfügung stehenden Fabrikräume befördert, wo sie zu Bildungs- und Aufbaustoffen aufbereitet werden, die dann – wieder auf eigenen Bahnen – zu den einzelnen Teilen des Pflanzenkörpers (Wurzel, Stamm, Äste, Zweige, Blüten, Früchte) als Wachstumsstoffe gebracht werden. Ähnlich wie im tierischen und menschlichen Körper das Blut in zwei Richtungen pulsiert, nämlich einmal aus den Körperteilen zum Herzen, zum anderen vom Herzen in den Körper, so gibt es in jedem Pflanzenkörper **zwei Saftströme**:

1. **Transpirationsstrom**: Er besteht aus Nährsalzen, die, in Wasser aufgelöst, im Leitungssystem der Pflanzen von den Wurzeln bis zu den Blättern emporsteigen.

2. **Assimilationsstrom**: Er bringt die im Blatt mit Hilfe der aus den Wurzeln emporgestiegenen Nährstoffe und des Wassers gebildeten Säfte zu allen anderen Teilen der Pflanze.

Die Entstehung der Säfte erfolgt so:

Die Wurzeln lösen durch Ausscheiden von Säuren aus den Mineralien des Bodens anorganische Stoffe und nehmen sie mit dem Wasser als Nährsalze auf.

Diese Nährsalze enthalten Spuren von Kalium, Kalzium, Magnesium, Natrium, Eisen, Phosphor, Schwefel, Silicium und Chlor. Es handelt sich um ganz kleine Mengen, die nur nach tausendstel Gramm gemessen werden können. Die folgende Zeichnung erläutert, was in den Blättern geschieht.

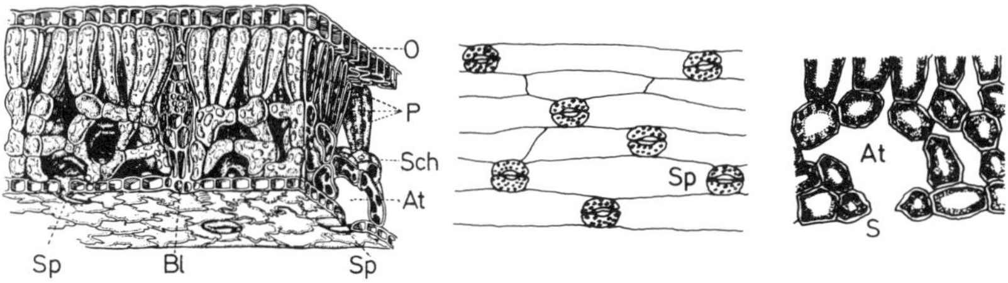

Abb. 45: Schnitt durch ein Laubblatt
O = Blattoberhaut, P = Palisadenzellen, Sch = Schwammzellen, At = Atemhöhle, Sp = Spaltöffnung, Bl = Blattader, S = Schließzellen

Die durch den Transpirationsstrom aus der Erde in das Blatt gebrachten **anorganischen Stoffe** werden mit Hilfe der Blattgrünkörperchen (*Chlorophyll*), des Sonnenlichts und der aus der Luft hinzutretenden Kohlensäure in **organische Stoffe**, das sind Bauteile für lebende Körper, umgebildet: Stärke, Zucker, Eiweiß und Zellulose. Diese Umbildungsvorgänge in den Blättern nennen wir **Assimilation**.

Abb. 46: Assimilation im grünen Blatt

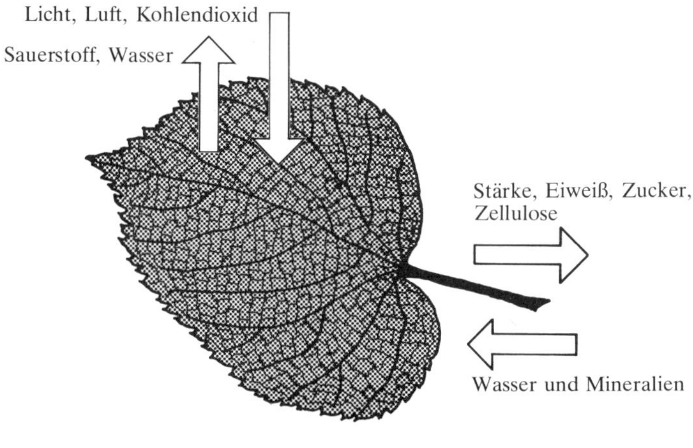

Die Fähigkeit zur Aufnahme des Kohlenstoffes aus der Luft und zu seiner Umwandlung in organische Substanzen ist allein der Pflanze gegeben, die damit die Grundlage für alles organische Leben schafft. Der verstorbene Altmeister der Bienenzucht, Pfarrer Herold, nannte das grüne Blatt und die darin geleistete Arbeit »die wichtigste chemische Fabrik der Welt« oder an anderer Stelle »die geheimnisvolle Werkstatt des Lebens«. In ihr wird außer der Nahrung für alles tierische und menschliche Leben auch **Nektar** und **Honigtau** erzeugt.

Der Motor, der das Blut im tierischen und menschlichen Körper zum Pulsieren bringt, ist das Herz. Der Pflanzenkörper besitzt einen solchen Motor nicht; die Saftströme der Pflanzen werden durch Wurzeldruck und Osmose in Bewegung gesetzt.

Die in den Blättern gebildeten Assimilationsstoffe werden in den **Siebröhren** nach abwärts in alle Teile der Pflanze geführt. Die Siebröhren sind mikroskopisch enge Leitbahnen, die an der Innenseite der glatten Rinde, die selbst nur $^1/_4$ mm dick ist, zu den Organen und Zellen der Pflanze führen, um alle Teile der Pflanze zu ernähren und wachsen zu lassen. Auch die Nektarien der Blüten werden aus diesen Siebröhren versorgt.

Der im Nektar und Honigtau enthaltene Süßstoff besteht aus drei Zuckerarten: aus **Rohrzucker**, der unserem Haushaltszucker entspricht, aus **Traubenzukker** und aus **Fruchtzucker**. Der Rohrzucker steht mengenmäßig an der Spitze, aber die Bienen spalten den Rohrzucker durch die in ihren Drüsen enthaltene Invertase in Frucht- und Traubenzucker auf, so daß er im Honig so gut wie ganz verschwindet und höchstens noch zu 1% enthalten ist. Trauben- und Fruchtzukker machen danach rund 80% aus.

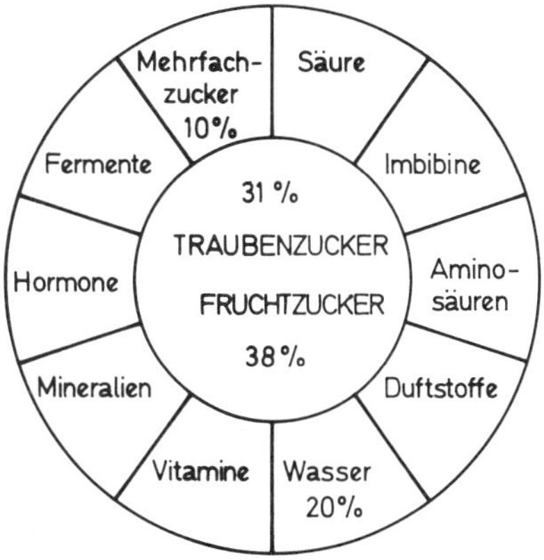

HONIG

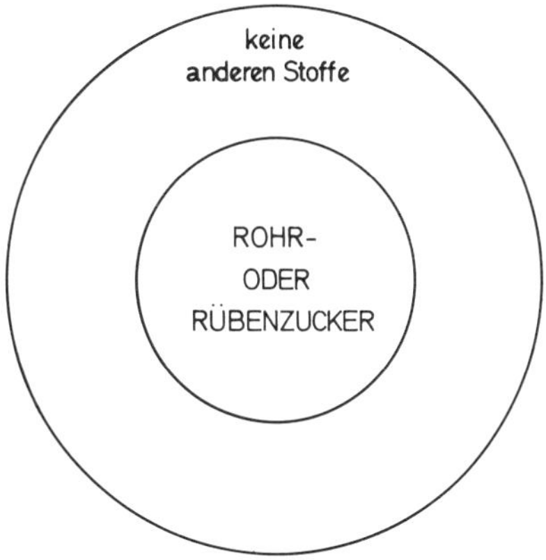

HAUSHALTSZUCKER

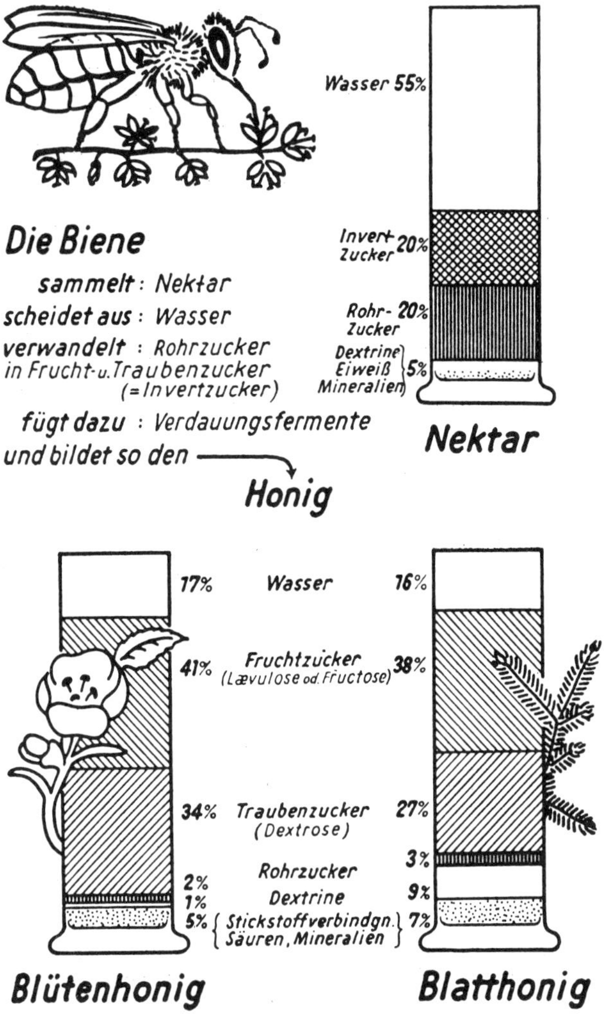

Abb. 47: Aus dem Nektar der Blüten und aus dem Honigtau der Blätter, Nadeln und Zweige bereitet die Biene den fertigen Honig. Der eine heller, der andere dunkler, verschieden in Zusammensetzung und Geschmack, gesund sind sie alle.

Außer den Zuckerarten sind im Nektar und Honigtau die im Siebröhrensaft enthaltenen Spurenelemente wie Kalium, Kalzium, Magnesium, Eisen, Mangan, Bor und Kupfer vorhanden und nachweisbar, und zwar im Honigtau oft reichlicher als im Blütennektar. Vom Spurenelement Eisen z. B. sind (nach Herold) in 100 g Honigtau 37 bis 38 mg, im Blütennektar nur 13 bis 17 mg vorhanden. Somit ist Waldhonig noch wirksamer für die Blutbildung als Blütenhonig.

Aus Nektar und Honigtau bereitet die Biene unseren Honig, indem sie diese Säfte in ihren Honigmagen aufsaugt und ihnen körpereigene Stoffe, Fermente und Drüsensäfte, beifügt.

Honig ist das Produkt aus Luft und Licht, guten Kräften und Säften der Mutter Erde, ergänzt durch körpereigene Stoffe unserer Sonnenvögelchen, der Bienen!

Im Lebensmittelgesetz ist der Begriff Honig wie folgt festgelegt: »Honig ist der süße Saft, den die Bienen erzeugen, indem sie die Nektariensäfte oder auch andere an lebenden Pflanzenteilen sich vorfindende süße Säfte aufnehmen, durch körpereigene Stoffe bereichern, in ihrem Körper verändern, in Waben aufspeichern und dort reifen lassen.«

2. Wachs

Siehe hierzu auch Kapitel II, Abschnitt 7!

Der Wabenbau ist die unentbehrliche Grundlage für das Leben des Bienenvolkes. Ohne das Wabengebäude mit seinen vielen tausend Zellen, ob wild in irgendeiner Baumhöhle errichtet oder fein regelmäßig in die vom Imker dem Bienenvolk gegebenen Rähmchen gefaßt, könnte das Bienenvolk keine Brut aufziehen, um sein Leben fortzuführen und seine Art zu erhalten. Es könnte auch keine Vorräte aufspeichern, um blütenlose und winterliche Zeiten zu überdauern. Die **Wabenzellen** sind des Volkes **Wiegen** und zugleich seine **Vorratskammern**.

Die Hauptzeit für Wachserzeugung und Wachsbau ist das Frühjahr, etwa die Zeit von April bis Juni. Es ist die Zeit der aufsteigenden Volksentwicklung und des Schwärmens, wozu neuer Wabenbau benötigt wird, und zugleich die Zeit, in der die Natur die zum Wabenbau notwendige Sonnenwärme und ausreichend Nektartracht bietet.

Wachs wird, wie der Honig, im Bienenkörper aus Nektar oder aus Zucker bereitet. Es wird von den Wachsdrüsen ausgeschwitzt, von den Mundkiefern weich und geschmeidig gekaut und dabei mit körpereigenen Stoffen der Biene versehen. Bienenwachs ist daher nicht nur ein irgendwie zusammengesetztes Pflanzenprodukt; Bienenwachs ist ein Heilmittel. Es ist reich an Vitamin A und an desinfizierenden bakterientötenden Stoffen, den Inhibinen. Es wird daher seit altersher in Salben, Pomaden und Pflastern verarbeitet.

In dem Buch »5 × 20 Jahre leben« schreibt der amerikanische Arzt Dr. Jarvis auf Grund eigener Erfahrungen und Versuche nicht nur über die Heilkraft des Honigs, sondern auch über die Heilkraft des Bienenwachses wie folgt: »Honigwaben sind ein vorzügliches Mittel zur Behandlung gewisser Erkrankungen der Atemwege, und zwar die Wabenmasse selbst, nachdem aller Honig daraus entfernt worden ist. Das Kauen dieser Waben tut besonders den Innenwänden der Atmungsorgane gut.« An anderer Stelle heißt es: »Die Volksmedizin wendet Bienenwaben zur Behandlung von Reizzuständen an; sie haben also offenbar eine antiallergische Wirkung.«

Der von den Bienen aufgeführte **Wabenbau** ist ein Wunder der Bautechnik. Es hat sich bisher kein Baumeister gefunden, der eine bessere und zweckmäßigere Bauweise der Wabe hätte angeben können. Welch prächtigen Anblick bieten doch die neugebauten Waben eines Schwarmes! Eine ist so gleichmäßig wie die andere, wie eine Wand aus feinstem durchsichtigem Gewebe, in der Form ein Kunstwerk! Jede Wabenfläche besteht aus vielen, ganz regelmäßigen sechseckigen Zellen. Sie liegen waagerecht, sind aber doch unmerklich schräg nach oben gerichtet, damit der flüssige Nektar sich besser einfüllen läßt und nicht sogleich wieder hinausfließt. Die Zellwände der Waben sind sechs formgleiche Rechtekke. Der Zellboden wird von drei flächengleichen Rauten gebildet. Diese Rauten sind so aneinandergefügt, daß ihr Treffpunkt zugleich der tiefste Punkt der Zelle ist. An die Mitte des Zellbodens heftet die Königin das Bienenei, und die Pflegebienen lagern dort ein Tröpfchen Futtersaft ab. An der tiefsten Stelle liegt das Tröpfchen, dicht neben der eben geschlüpften Jungmade, die davon leben muß.

Die Zellen der einen Wabenseite stoßen an die Zellen der anderen Wabenseite. Da aber jeder Zellboden nicht rechtwinklig zu den Seitenwänden, sondern pyramidenförmig nach außen gebaut ist, ist es nicht möglich, daß eine Zelle dieser Seite der Zelle der Gegenseite genau gegenüber liegt; das gäbe ja nutzlose

Abb. 48: Zellstellung

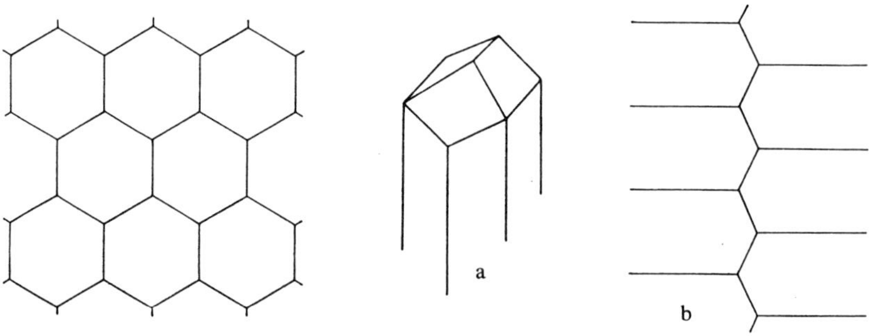

stehende Zellen

liegende Zellen
a) pyramidenförmiger Zellboden (*nach Zander, 1947*) b) Schnitt durch eine Wabenmittelwand. Verzahnung der Zellböden beider Wabenseiten untereinander

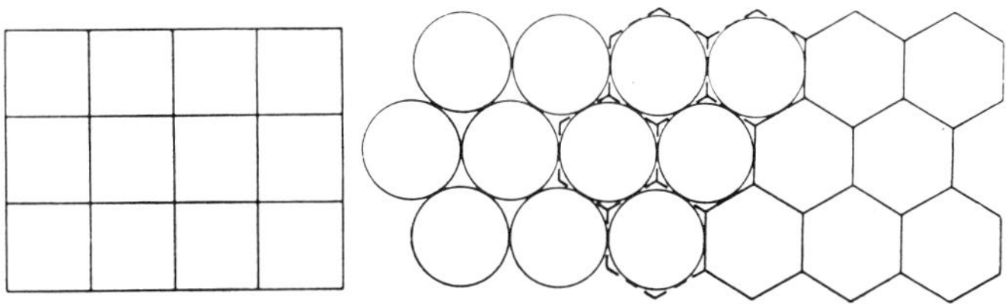

a b c

Abb. 49: Ökonomie der Sechseckzelle (vgl. Text)

Hohlräume, die mit Wachs ausgefüllt oder versteift werden müßten. Doch Raumverschwendung und Materialvergeudung kennt die Natur nicht, und ihre Wesen, ob Tier oder Pflanze, bauen, wenn ein Lebenszweck es erfordert, stets so, daß bei höchster Raumausnutzung und geringstem Materialaufwand die größtmögliche Festigkeit und Zweckmäßigkeit erzielt wird. Beim Betrachten der neugebauten Waben wird jedem bewußt, daß das Wabenwerk des Bienenvolkes bautechnisch höchst zweckmäßig ist. Daß die Zellen der einen Wabenseite den Zellen der anderen Seite nicht genau gegenüberstehen, sondern um eine halbe Zellenbreite zueinander verschoben sind, daß also die von den Zellenböden gebildeten Kegel der einen Seite auf diese Weise in die gleich geformten Vertiefungen der anderen Seite greifen, macht trotz der unebenen Grundflächen nur einen Zwischenboden nötig. Und noch mehr ist damit erreicht: Halten wir eine solche Wabe gegen das Licht, so stellen wir fest, daß durch die Verschiebung der Zellen zueinander jeder Zellboden drei Wände der Gegenseite als Stützen hat, denn der tiefste Punkt im Boden jeder Zelle ist der Treffpunkt von drei Zellen der Gegenseite. Jeder Boden erhält dadurch, obwohl nur von hauchdünner Wachswand gebildet, eine Festigkeit, welche die Zelle neben ihrer Bestimmung als Wiege gleichzeitig als Vorratskammer für den verhältnismäßig schweren Honig und Pollen geeignet macht. In »Biene und Bienenzucht« von Büdel/Herold heißt es auf Seite 213: »Die Verzahnung der Zellböden beider Wabenseiten trägt mit zu der erstaunlich großen Festigkeit und Tragkraft der Bienenwabe bei. Eine Normalwabe kann gut vier Pfund Honig aufnehmen, das Fünfzigfache ihres Eigengewichtes.«

Die Sechserform der Zelle ist für die Wabe die günstigste Flächenaufteilung. Die Aufteilung in quadratische Zellen ergäbe keinen Flächenverlust. Es läge Zelle an Zelle ohne tote Zwischenräume. Aber der Innenraum solcher Zellen wiche zu sehr von der Körperform der Made ab. Allein die Sechseckform der Zelle erreicht beides: günstige Raumausnützung und weitgehende Anpassung an die Form des Bienenkörpers, der sich darin bilden soll. Darum können die Zellwände auch so dünn wie feinste Seide sein, denn jede Zelle steht an allen Seiten mit anderen in engstem Verband; eine stützt die andere; jede Wand dient zugleich zwei Zellen.

Jedes unserer Bienenvölker ist ein kunstbegabter Baumeister. Es trägt die Baugesetze der Natur in sich, ohne sie jemals erlernt zu haben, und wendet sie mit mathematischer Genauigkeit und bewundernswerter Zweckmäßigkeit an, ohne Winkelmaß und Zirkel, ohne Schule und Anleitung, und doch so vollendet, daß sein Wabenwerk die Bewunderung der Menschen erregt.

Altwabenbau ist, wie in Kapitel II, Abschnitt 7 dargelegt, laufend auszurangieren und durch Ausbau von Mittelwänden zu ersetzen. Das Ausschmelzen des Altwachses stellt für den Imker eine nicht einfache Aufgabe dar. Im Imkereigroßbetrieb sind dafür Dampfwachsschmelzer und andere notwendige Einrichtungen vorhanden. Für den Klein-Imker ist die Arbeit meist sehr zeitaufwendig, dazu schwierig und umständlich; ihm ist von dieser Arbeit abzuraten. Einfach ist das Ausschmelzen allerdings im **Sonnenwachsschmelzer**, doch lohnend ist es nur für die frisch gebauten Wabenstücke aus dem Baurähmchen. Für Altwaben bewährt sich der Sonnenwachsschmelzer weniger gut.

Dem Klein-Imker wird empfohlen, im Bienenhaus bzw. auf dem Bienenstand ein hohes Kistchen bereitzustellen, in das er alle Wachsabfälle im Lauf des Sommers sammelt, sie etwas zusammenstampft, um das Zerstören durch Wachsmotten zu verhindern, und den Inhalt ein- oder zweimal im Laufe des Jahres im Imkereigeschäft gegen Mittelwände im Format seines Standmaßes umtauscht. Für 3 kg Altwachs und eine kleine Bearbeitungsgebühr erhält man in der Regel 1 kg Mittelwände.

Abb. 50: Sonnenwachsschmelzer mit angeschraubter Hülse, drehbar auf einem Pfahl befestigt

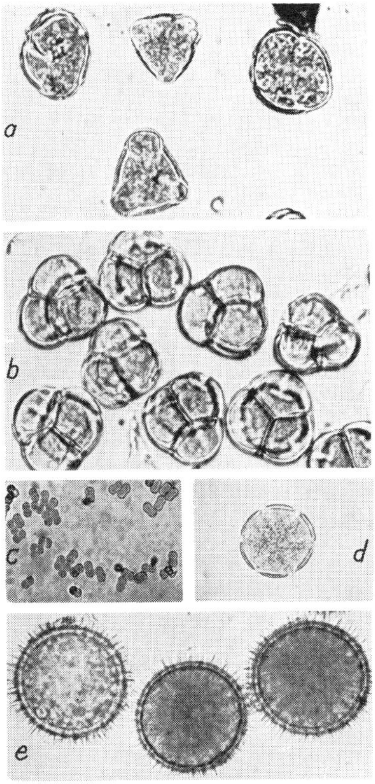

Abb. 51: Pollenkörner verschiedener Pflanzenarten (Glyceri latine-Präparat) Original.Phot. Dr. W. Staub

a Obstbaumpollen (*Pirus sp.*)
b Alpenrosenpollen (*Rhododendron ferrugineum L.*)
c Vergißmeinnichtpollen (*Myosotis sp.*)
d Dostpollen (*Origanum vulgare L.*)
e Stockrosenpollen (*Althaea rosea L.*)

Vergr. a–d 300fach, e 120fach

3. Pollen

Ohne den Blütenstaub oder Pollen, den unsere Bienen vom zeitigen Frühjahr an bis in den späten Herbst in den Blüten sammeln und dabei Teile davon in andere Blüten tragen, und ohne Pollen, den der Wind über weite Ährenfelder und Wiesen und durch blühende Bäume und Sträucher weht, gäbe es keinen Samen und keine Früchte, wäre ein Aufwachsen junger Bienenbrut und damit ein Fortbestehen der Bienenvölker unmöglich, fehlten uns Menschen wirksame Heilwerte der Natur.

Schon allein diese Aufzählung läßt erkennen, wie bedeutend und weitwirkend die Kräfte des Pollens sind.

Betrachten wir Pollenkörnchen verschiedener Pflanzen unter dem Mikroskop, so können wir wundersame Gestalten erkennen: winzige, zarte Gebilde wie Schneeflocken, Formen wie Christbaumschmuck. Ihre Grundformen gleichen oft Kugeln oder Kapseln, die mit feinen Spitzen oder Leisten oder Höckern besetzt sind, daß sie winzigen stacheligen Kastanien ähneln. Der Blütenpollen hat zusätzlich einen öligen klebrigen Überzug, so daß er bei leisester Berührung durch die Biene an ihrem Haarkleid haften bleibt.

Der Blütenstaub der Fichte ist im Vergleich zu anderen Pollenarten außerordentlich leicht, dazu mit Luftsäckchen versehen, so daß er mit dem Wind Hunderte von Meilen überfliegen kann. So hat man z. B. auf den Schneefeldern Grönlands Fichtenblütenstaub gefunden, obwohl die nächsten Fichtenwälder in Labrador, also rund 650 km jenseits der Meere liegen.

Begrenzen wir die Wirksamkeit des Pollens zunächst auf das Bienenvolk und uns Menschen. Wie alle Lebewesen brauchen die Bienen Nahrungsstoffe zum Lebensunterhalt und zum Wachstum der Brut und der Jungbienen. Die Grundstoffe der Nahrung sind dieselben, die wir Menschen auch brauchen: **Kohlenhydrate, Fett** und **Eiweiß**. Die Kohlenhydrate sind in der Hauptsache die verschiedenen Zuckerarten, die der Nektar enthält. Sie bilden das Leistungs- und Energiefutter zur Erhaltung der Schaffenskraft, sie sind für den Körper, was das Benzin für den Motor ist. Eiweiß und Fette beziehen Bienen aus dem Pollen, er liefert das Aufbaufutter.

Der Nährstoffgehalt des Pollens ist bei den Pflanzen verschieden. Am gehaltvollsten sind die Pollen von Weiden, Obst, Klee, Raps, Hederich, Senf, Roßkastanie, Heidekraut und Krokus.

Analysen von Pollen haben ergeben, daß er im Durchschnitt folgende Stoffe enthält:

Wasser:	etwa 5 bis 20%
Fett:	etwa 20%
Eiweiß:	etwa 20 bis 30%
Invertzucker:	etwa 10%

Ferner sind in kleinen Mengen noch folgende Mineralien enthalten: Magnesium, Eisen, Phosphor, Kalium und Vitamine.

Während einer Jahressaison sammelt ein Volk nach den Feststellungen von Maurizio 25 bis 30 kg, nach Butler 15 bis 45 kg Pollen.

Der Vorgang des **Höselns** ist oft beobachtet worden. Während sich die Biene in der Blüte aufhält, bearbeitet sie die Staubbeutel mit ihren Mundwerkzeugen und Beinen. Ihr Körper wird dadurch mit Pollen überpudert. Dabei wird die lokkere Pollenmasse ständig durch den Rüssel mit Flüssigkeit (Nektar – auch aus der Honigblase) befeuchtet, bis er klebrig wird. Danach wird der Pollen mit den Beinen vom Körper an das hintere Beinpaar in die »Körbchen« gebürstet.

Im Stock angekommen, sucht die Biene eine leere oder teilweise mit Pollen gefüllte Vorratszelle auf. Sie setzt sich auf deren Rand und streift die Pollenlasten mit den mittleren Beinen ab. Gewöhnlich schenkt sie den beiden Pollenklümpchen dann keine Beachtung mehr und überläßt es einer Stockbiene, sie zu zerteilen und einzustampfen. Sind die Zellen zu $^3/_4$ gefüllt, so wird etwas Honig auf die Oberfläche der Pollenmasse gegeben und schließlich noch mit einem Wachskäppchen überzogen. Die Blütenstetigkeit der Biene beim Sammeln hat zur Folge, daß der Inhalt der Pollenzellen meist einheitlich nach Blütenart zusammengesetzt ist. Pollen ist im Haushalt des Bienenvolkes unentbehrlich. (Näheres über Bienen und Pollen siehe in II, 2.)

Wegen der im Blütenpollen enthaltenen Nähr- und Heilwerte hat der Pollen auch für den Menschen und seine Gesundheit beachtlichen Nutzen. In den letzten Jahren haben sich deutsche und ausländische Ärzte und Ernährungswissenschaftler wiederholt damit beschäftigt, den Gehalt des Pollens und dessen Wirkungen auf die Gesundheit des Menschen festzustellen. Einen ausführlichen Bericht darüber enthalten die Beiträge von Großimker W. Runte in der »Rheinischen Bienenzeitung« 1975, Heft 4 bis 8, die Anweisungen für das Ernten des

Pollens geben und die Heilwirkungen für den Menschen, gestützt auf die Feststellungen von Herold in »Heilwerte aus dem Bienenvolk« und von Caillas in »Die wunderbaren Eigenschaften des Pollens«, darlegen.

Von diesen gepriesenen Heilwirkungen des Pollens seien hier nur folgende genannt:

Pollen hilft bei Darmbeschwerden und Nervenschwäche, fördert die Gehirndurchblutung, verbessert die Sehkraft und das Denkvermögen, kräftigt schwächliche, blutarme Kinder und fördert ihr Wachstum, hilft bei Kreislaufstörungen und heilt organische Schäden.

Das Einnehmen des Pollens kann auf verschiedene Weise geschehen. Manche kauen ihn, frisch oder getrocknet, mit einem Schluck Wasser oder einem Löffel Honig. Man kann ihn auch mit Marmelade oder Quark zu einem Brei mischen. Pfarrer Herold schreibt in seinem Buch, daß er selbst den Pollen in Milch oder Fruchtsaft auflöst oder mit Haferflockenbrei mischt. Ein Löffel gestrichen voll, etwa 15 bis 20 g, ist seine tägliche Ration bei einer etwa einen Monat dauernden Kur.

4. Kittharz

Im Gegensatz zu Wachs, das im Körper der Bienen bereitet wird, ist Kittharz ein pflanzliches Produkt. Die Bienen sammeln es besonders an den Knospen von Pappeln, Weiden, Birken, Fichten, Kiefern, Kastanien, aber auch an Stamm und Ast, wo dieses Harz an der Rinde austritt. Als grünlich, bräunlich und rötlich gefärbte Höschen tragen sie es in ihre Beute, wo sie schmale Ritzen, aneinander stoßende Rähmchenteile, Abdeckfolie u.a. verkitten.

Untersuchungen dieses Stoffes haben ergeben, daß darin 50% Harz, 25 bis 30% Wachs, etwa 10% flüchtige Öle und etwas Pollen enthalten ist.

Über die Verwendung und Verarbeitung von Kittharz im Haushalt der Bienen berichtet Leuenberger (nach Otto und nach eigenen Beobachtungen) folgendes: »Eine mit Kittharzhöschen beladene Biene flog dem Beobachtungsstock zu. Innerhalb des Stockes mischte sie sich nicht unter die Bienen auf einer Wabe, wie es die Sammlerinnen von Nektar und Pollen machten, um hier so schnell wie möglich das Sammelgut loszuwerden; sie begab sich vielmehr in die Nähe einer Stelle, wo von Stockbienen gekittet wurde. Hier blieb sie ganz ruhig sitzen, bis von der Baustelle her eine Biene herankam, ein Bröckchen Kittharz vom Höschen abbiß und damit zur Baustelle zurückeilte, um es dort zu vermauern. Nach und nach kamen andere Bienen und machten es ebenso, bis die Höschen abgetragen und die Hinterbeine von Kittharzspuren vollständig gesäubert waren. Die Kittharzbringerin hatte sich die ganze Zeit über völlig passiv verhalten. Auch andere Kittharzbringerinnen wurden so behandelt.«

Daß das sehr klebrige Kittharz an den Körpern und Gliedern der Bienen nicht haften bleibt, hat seine Erklärung darin, daß die damit arbeitenden Bienen aus den Munddrüsen ein Sekret ausscheiden, das als Lösemittel dient.

Eine weitere Verwendung findet Kittharz im Bienenvolk als Material zum Einhüllen von Leichen eingedrungener Mäuse und anderer Kleintiere. Die Wirksamkeit des Kittharzes gegen Bakterien ist allgemein festgestellt.

Die bakterizide Eigenschaft des Kittharzes führt dazu, es auch für Heilzwecke zu verwenden. Besonders Hinrichs wies auf den großen Wert für die Wundbehandlung hin. Es kann z.B. als Pflaster bei Hühneraugen, Beulen, Furunkeln und ähnlichen Geschwülsten verwendet werden. Hinrichs stellte aus $^{1}/_{3}$ Kittharz und $^{2}/_{3}$ reinem Alkohol eine Tinktur her, die er »Propolisin« nannte (Kittharz wird auch Propolis genannt). Die Wirkung dieser Propolisin-Tinktur ist heilend und schmerzstillend bei Wunden, Geschwülsten und Bienenstichen, ferner reinigend und beruhigend bei Entzündungen.

Nach Hinrichs wurde Propolisin im Burenkrieg mit verblüffendem Erfolg gegen Wundfieber angewandt. Auch in Rußland wurden (nach Herold) im Kriege in zwei Lazaretten die Wunden mit einer Kittharz-Salbe behandelt.

5. Bienengift

Wir Imker haben seit den ersten Tagen unserer Arbeit an den Bienen den Schmerz des **Bienenstiches** und die Wirkung des Bienengiftes an unserem eigenen Körper verspürt. Die imkerliche Schutzbekleidung hat daran wenig geändert.

In den ersten Tagen meiner Imkertätigkeit war ich oft durch ein schiefes Gesicht, verschwollene Augen und dicke Hände gekennzeichnet. Dann aber war die schlimmste Zeit überstanden. Nach jahrelanger Berufsausübung konnten mich 20 und 30 Bienen stechen, ohne daß man eine Wirkung an mir feststellte. Die Stiche schmerzten zwar immer wieder, aber die Geschwulst blieb aus.

Einen ausführlichen, dazu wissenschaftlich einwandfreien Beitrag über das Bienengift, seine chemische Zusammensetzung und therapeutische Wirkung enthält das Buch von Büdel/Herold »Biene und Bienenzucht« Seite 233 ff. Dieser Beitrag ist von dem Diplom-Chemiker Dr. med. Karl-August Forster, Mitinhaber der Fa. Heinrich Mack, Nachfolger, in Illertissen, geschrieben. Da das Buch gewiß in jeder imkerlichen Vereinsbücherei vorhanden ist, sollte es kein Imker versäumen, Dr. Forsters Ausführungen sorgfältig zu lesen. Wir erfahren darin, daß nur die Weibchen unter den Bienen – Königin und Arbeitsbienen – imstande sind, Gift zu produzieren. Nicht den Männchen, sondern den Weibchen obliegt daher die Verteidigung der Gemeinschaft. Das Bienengift wird in den Zellen des Bienenkörpers von zwei schlauchartigen Drüsen gebildet. Die Biene verliert ihren Stechapparat beim Stich in die menschliche oder tierische Haut durch das Vorhandensein der Widerhaken und geht dadurch zugrunde. Junge Bienen sind unmittelbar nach dem Ausschlüpfen noch ohne Gift. Die Bienen vermögen nur bei Pollenfütterung Gift zu produzieren. Erst vom 15. bis 20. Lebenstage an, wenn die Biene den Dienst als Torwächterin ausübt, ist die Giftblase voll gefüllt.

Veröffentlichungen Dr. Forsters in medizinischen Zeitschriften enthalten weitere Einzelheiten zum Thema Bienengift, wovon ich folgendes hier anführe:

»Seit vielen Generationen lassen sich in zahlreichen Ländern Rheumatiker mit gutem Erfolg von Bienen stechen. Solange man jedoch auf den Stich von Bienen angewiesen war, konnte sich diese Therapie nicht durchsetzen. Bienenstiche stehen ja nicht überall und in unseren Breiten nicht zu jeder Jahreszeit zur Verfügung. Fußend auf diesen Erkenntnissen habe ich mich am pharmakologischen Institut der Universität Würzburg sieben Jahre mit Bienengift beschäftigt, anschließend Bienengift in großen Mengen gewonnen und in Form von Injektionslösungen, Salben und Liniment in den Handel gebracht. Nun konnte man die Bienengift-Therapie einfach, schmerzlos und doch voll wirksam durchführen. Über hundert klinische Veröffentlichungen aus vielen Ländern der Welt bestätigen übereinstimmend die therapeutische Wirksamkeit und gute Verträglichkeit des Bienengifts in Form von *Forapin* bei rheumatischen Muskel-, Nerven- und Gelenkerkrankungen.«

»Für die Giftgewinnung haben wir hier in Deutschland besonders günstige Bedingungen. In der Lüneburger Heide werden die Bienen in Körben gehalten, und der Korbimker überwintert bekanntlich nur $^1/_3$ seiner Völker und kann uns $^2/_3$ zur Giftgewinnung zur Verfügung stellen. Die Bundesbahn befördert uns die nackten Völker nachts, wenn es kühl ist, und auf dem kürzesten Wege, per Expreß, nach Illertissen.«

»Außerdem haben wir eine besonders rationelle, automatische Giftgewinnungsmethode entwickelt, nach der die Bienen veranlaßt werden, in eine vorbehandelte Spezialunterlage zu stechen, aus der das Gift gelöst und durch Lyophilisation getrocknet wird. Dieses Trockengift ist unbegrenzt haltbar.«

»Erwähnen möchte ich noch die Behandlung bei **Überempfindlichkeit gegen Bienengift**. Wir können in den meisten Fällen eine Allergie gegen Bienengift dadurch heilen, daß man stark verdünnte Bienengiftlösungen in die Haut spritzt und mit der Giftkonzentration langsam ansteigt. Die Durchführung einer solchen Kur muß stets von einem Arzt unter genauer Kontrolle durchgeführt werden.«

Der russische Arzt Joyrisch schreibt in seinem kürzlich erschienenen Buche »Die Welt der Bienen, Ein Tiervolk sichert unser Leben« über Bienengift:

»Bienengift ist bei richtiger Anwendung ein medizinisch-prophylaktisches Mittel, das nicht nur auf ein einzelnes Organ und nur bei einer bestimmten Krankheit wirkt, sondern auf den ganzen Organismus. Es mobilisiert die Widerstandskräfte des Körpers. Damit läßt sich bis zu einem gewissen Grade erklären, daß Imker, die viele Jahre auf einem Bienenstande gearbeitet haben, eine unerschütterliche Gesundheit besitzen und lange leben. Bei ihnen bildet sich Immunität gegenüber verschiedenen Krankheiten heraus.«

6. Weiselfuttersaft oder Gelee Royale

Uns Imkern ist bekannt, daß die Bienenkönigin und die Arbeitsbienen aus den gleichen befruchteten Eiern der Königin entstehen und daß allein die verschiedene Ernährung während der Madenzeit und die unterschiedlichen Zellen, in denen die Maden sich entwickeln, bewirken, daß sich aus den gleichen Eiern zwei verschiedene Wesen entwickeln.

Über die Zusammensetzung des Weiselfuttersaftes schreibt Herold, daß er etwa das gleiche wie Pollen enthalte, nämlich Eiweiß, Aminosäure, Vitamine, Fette und Mineralstoffe, dazu aber noch einen für die Bienen sehr wichtigen flüchtigen Stoff, der die Umstellung einer jungen Arbeiterinmade auf die Entwicklung zur Königin bewirkt. Dr. Chauvin schrieb im März 1954 in der »Gazette apicol« über diesen Weiselfuttersaft: »Er ist durch seine chemische Zusammensetzung zweifellos ein interessanter Stoff; er ist außerordentlich reich an Vitaminen der Gruppe B, ist die reichste bekannte Quelle an Panthotensäure, und weiterhin enthält er auch geringe Mengen an Vitamin E. Eine andere wichtige Besonderheit ist sein hoher Gehalt an freien Aminosäuren.« Allein dieser Gehalt des Weiselfuttersaftes bewirkt, in Verbindung mit der größeren Wiege, daß statt einer Arbeiterin, die im Durchschnitt nur einige Wochen lebt, sich eine Königin entwickelt, die eine Lebensdauer von 5 bis 6 Jahren besitzt. Es sind Kräfte im Weiselfuttersaft enthalten, die der Königinmade, also einem tierischen Organismus, neue Impulse und eine besondere Entwicklungsrichtung geben können und die auch, wie man teils festgestellt, teils behauptet hat, für den menschlichen Organismus ein Heilmittel darstellen.

Vor etwa 15 Jahren hat man viel Rühmendes über diesen Weiselfuttersaft geschrieben. Besonders die französischen Imker und Fabrikanten rührten die Werbetrommel dafür sehr lebhaft, während man sich in Deutschland abwartend verhielt. Allmählich interessierte sich die einschlägige Wissenschaft dafür, z. B. auch Prof. Dr. Neumann (Würzburg), der als anerkannte Autorität auf dem Gebiete der Pharmakologie gilt. Auch der DIB und die Arbeitsgemeinschaft der imkerlichen Institute widmeten dem Weiselfuttersaft großes Interesse. Versuche über seine Wirkung wurden und werden auch in Rußland, Rumänien, Jugoslawien, Italien, Belgien und den USA unternommen. Trotz dieser umfangreichen Bemühungen sind die Erfahrungen und das Wissen von der Heilkraft des Gelee Royale noch unsicher und ungewiß. Es wird von Erfolgen bei alten Leuten, die an Appetitlosigkeit, Abmagerung, Depressionen und ähnlichem litten, berichtet, ebenso von Heilungen bei Haut- und Bluterkrankungen. Die meisten dieser Berichte werden jedoch noch nicht als beweiskräftig gewertet, da man die Heilung nicht mit Sicherheit auf Gelee Royale zurückführen kann.

IV. Die volkswirtschaftliche Bedeutung der Bienenzucht

»Und wäre nicht der Bauer –
so hätten wir kein Brot;
und wäre nicht die Biene –
so hätt' der Bauer Not.«

1. Von der Selbstbestäubung und Fremdbestäubung der Blüten

Der Wert der durch die Bienenzucht gelieferten Erzeugnisse, also der direkte Nutzen, der durch die Hand des Imkers geht, beträgt nach Schätzungen in der Bundesrepublik mindestens 80 Millionen DM. Darüber hinaus wird der indirekte Nutzen, der durch die Vermittlung der Bienen zwischen Blühen und Fruchten für die Pflanzen und den Schutz der Landschaft, sowie für die Ernteergebnisse bei landwirtschaftlichen Kulturpflanzen entsteht, zehnmal höher, nämlich auf mindestens 800 Millionen DM geschätzt.

Blühen und Fruchten sind nicht eins. Es sind zwei Vorgänge, die erst durch die Bestäubung zu einem sinnvollen und lebendigen Ganzen verbunden werden: **Blühen – Bestäuben – Fruchten.** Die Bestäubung ist in vielen Fällen von der Na-

Abb. 52: Nektar und Pollen zugleich sammelt die Biene an der Obstblüte. Und gerade im Frühjahr, zur Zeit des täglich wachsenden Brutnestes, ist das Verlangen nach Pollen besonders stark. So wirft sich das Volk mit aller Energie auf die sich bietende Tracht und sichert damit die Befruchtung.

tur der Blüten selbst nicht möglich. Gewiß sind in den meisten Blüten Pollen und Fruchtknoten vorhanden, so daß eine **Selbstbestäubung** eintreten könnte. Doch die Natur versucht, die Selbstbestäubung nach Möglichkeit zu verhindern, weil bei Selbstbestäubung Samen und Früchte oft keimunfähig bleiben. Sie erstrebt vielmehr die **Fremdbestäubung**, das ist die Übertragung von Pollen aus den Blüten anderer Pflanzen der gleichen Art, denn Samen und Früchte von *gekreuzten* Pflanzen besitzen größere Fruchtbarkeit, bessere Keimkraft und auch größeres Gewicht und sind somit geeignet, die Weiterführung des Lebens der betreffenden Pflanzenarten zu sichern. Christian-Konrad Sprengel (1750–1816), der als erster diese biologischen Vorgänge in der Natur richtig erkannte, sagte: »Fremdbestäubung ist Plan und Absicht der Natur.« Der englische Forscher Darwin bestätigte 50 Jahre später: »Fremdbestäubung ist eine biologische Notwendigkeit«, und an anderer Stelle: »In der gesamten organischen Natur ist Fremdbestäubung ein wichtiger Vorgang in der Entwicklung zum Vollkommenen.«

Die Bevorzugung der Fremdbestäubung bedeutet für die Natur die Notwendigkeit, Vermittler einzuschalten. Die Bestäubung geschieht zu 19% durch den Wind, zu 81% durch Insekten, insbesondere, nämlich zu $^7/_8$ davon, durch die Bienen.

Das wundersame Zusammenspiel zwischen Biene und Blüte, das sich auf diese Weise seit Jahrtausenden allmählich entwickelt hat, mutet uns wie ein Vertrag an, den Pflanze und Tier zu gegenseitigem Vorteil miteinander abgeschlossen haben. Die **Blütenpflanze** scheidet am Blütengrund durch die Nektarien den süßen Saft aus, der für die Bienen als Leistungsfutter unentbehrlich ist; sie erzeugt ferner über den eigenen Bedarf hinaus so viel Blütenstaub und macht ihn so nährstoffreich, daß er das natürlichste und beste Aufbaufutter für die Bienenbrut und auch für die erwachsenen Bienen darstellt. Sie läßt, wenn Staubgefäße und Fruchtknoten (Stempel) in ein und derselben Blüte stehen, die Geschlechtsorgane räumlich getrennt wachsen bzw. zeitlich getrennt reifen, so daß eine Selbstbestäubung nicht stattfinden kann.

Die Pflanze stattet ferner die Blütenblätter mit leuchtenden Farben und den Nektar mit feinem Duft aus, daß sie der anfliegenden Biene Wegweiser sein können.

Die **Biene** bringt den lebenserzeugenden Blütenstaub, der an ihrem Haarkleid haften bleibt, ganz sicher auf die reife Narbe der entsprechenden Partnerblüte. Sie hat unter allen Insekten als einzige die Eigenschaft der **Blütenstetigkeit** angenommen, besucht also auf einem Ausflug immer nur Blüten derselben Art, eine grundwichtige Voraussetzung für wirksame Bestäubung. Sie ist damit zur unentbehrlichen Helferin bei der Bestäubung der Blüten geworden. Nur die Bienen, die als Volk überwintern, nicht als einzelne Weibchen wie Wespen oder Hummeln, können im Frühjahr vom ersten Flugtag an Zehntausende in die Bestäubungsarbeit schicken. Eine Biene besucht auf einem Ausfluge etwa 30 Blüten, auf 20 Ausflügen täglich 600 Blüten, ein Volk mit 15000 Flugbienen bestäubt täglich 9 Millionen Blüten! Blüte und Biene und der für beide unentbehrliche Pollen sind die Voraussetzungen, daß Samen und Früchte das pflanzliche Leben auf der ganzen Erde sicher weiterführen.

2. Die Bedeutung der Biene für den Landschaftsschutz

Für uns Menschen ist es selbstverständlich, daß die uns umgebenden Landschaften, die von Menschen gepflegten und auch die freien und unbetreuten, biologisch gesund und wachsfreudig und daher beständig sind, daß diese Landschaften in allen ihren Teilen, Blumen, Stauden, Sträuchern, Bäumen, eine sichere, in der Entwicklung fortschreitende, sich erhaltende Einheit bilden. Ohne Bienen würde dieses pflanzliche Leben jedoch ärmer und spärlicher werden. Allein die Bienen sorgen, indem sie für sich selbst nach Nahrung suchen und dabei auch die unscheinbarsten Blüten befliegen, daß die Lebenskräfte und damit auch die Schönheiten der Landschaft sich immer wieder erneuern. Erhaltung und Schutz der Landschaft: Das ist ein wichtiger Teil der volkswirtschaftlichen Bedeutung der Bienenzucht.

3. Die Bedeutung der Biene für die Kulturpflanzen

Noch klarer und einsichtiger wirkt sich der volkswirtschaftliche Nutzen der Bienenzucht an den Kulturpflanzen aus, die der Mensch in seine Pflege genommen hat, um die für ihn lebensnotwendigen Samen und Früchte zu ernten. Von den zahlreichen Berichten, die die Bedeutung der Biene für die Landwirtschaft beweisen, seien nachfolgend einige angeführt: Professor Dr. Ewert, seinerzeit in Landsberg a. d. Warthe, berichtet in seinem Buch »Obstbau und Bienenzucht« von der Goldparmänenallee bei Mondschütz bei Breslau:

»Die Allee war vom Dorf bis zum Wald rund 2 km lang. Die Bienen des Dorfes beflogen eifrig die blühenden Alleebäume, doch meist nur die in der Nähe des Dorfes. Sie brachten Pollen von den Apfelbäumen aus den Dorfgärten und führten so an den Alleebäumen reguläre Fremdbestäubung durch.

Die Bäume auf der zum Wald gelegenen Seite der Allee wurden dagegen wegen der größeren Entfernung nur spärlich oder gar nicht von den Bienen besucht. Die Folge davon war, daß die Früchte dieser Bäume nur wenig oder gar keine Kerne hatten, schlecht entwickelt und ausgebildet waren und sehr leicht vom Baum fielen. Die Bäume nach dem Dorf zu, die mit Fremdbestäubung, dagegen trugen reichlich und ausgebildete Früchte, hatten voll ausgebildete Kerngehäuse und hingen auch bei Wind und Wetter fest am Baum bis zu ihrer Reife.«

Zander schreibt 1916 in »Bienenkunde und Obstbau«: »Die Entstehung einer vollentwickelten Frucht setzt eine vollkommene Befruchtung voraus (Fremdbestäubung).«

»Der Pollenbedarf der Kernobstblüten ist wegen der zahlreichen Kernanlagen 10mal größer als bei Steinobst.«

Kobel schreibt 1912: »Die kernreiche Frucht ist der kernarmen an Größe und Gewicht durchweg überlegen, weil der in den vermehrten Kernen zugeleitete stärkere Saftstrom nicht nur ihnen, sondern auch dem Fruchtfleisch zugute kommt.«

»Da der Saftstrom weitere Leitungswege verlangt, wird der von ihm durchflutete Fruchtstiel kräftiger. Die Frucht hängt infolgedessen fester am Baum.«

Schließlich macht sich der Kerngehalt im Geschmack bemerkbar. Da mit der Kernzahl in der Regel Zucker- und Säuregehalt des Fruchtfleisches steigen, werden die Früchte schmackhafter. Bei der Bestäubung von Beerengärten spielten die Bienen nach russischen Berichten folgende Rolle:

Im Jahre 1934 stellte Bannister in Yakim (Washington) in einer 65 acres großen Obstplantage 60 Bienenvölker auf. Während er bis dahin durchschnittlich 20000 boxes Obst erzeugte, erntete er mit Hilfe der Bienen 120000 boxes.

Die Rapsblüte hat sechs Staubfäden, zwei kurze, die an die Narbe nicht heranreichen, somit eine Selbstbestäubung nicht herbeiführen können. Die vier längeren Staubfäden stehen mit der Narbe in etwa gleicher Höhe; sie wenden sich jedoch während der Reife vom Stempel ab, können aber bei Ausbleiben des Bienenbesuches die Eigenbestäubung herbeiführen.

Eine weitere Bedeutung der Fremdbestäubung liegt darin, daß der Raps bei Fremdbestäubung schnell abblüht, so daß der Rapsglanzkäfer den Blüten wenig schaden kann. Bei Selbstbestäubung zögert sich das Abblühen einige Tage länger hinaus.

Ebenso wirksam wie bei Raps ist die Fremdbestäubung bei Rüben, Senf, Kohlrüben und anderen Kreuzblühern.

Abschließend folgt ein Bericht aus dem »American Bee Journal« vom November 1943: »Wilde bestäubende Insekten verschwinden rapide, und die Landschaft wird in dieser Hinsicht immer mehr von den Honigbienen abhängig. Die Verluste durch mangelhafte Bestäubung belaufen sich auf Hunderte von Millionen und werden immer größer, solange nicht die Öffentlichkeit die Notwendigkeit erkennt und entsprechende Maßnahmen ergreift.

Ausreichende Bestäubung ist ebenso wichtig für den Erfolg wie pflanzen, bearbeiten, gießen und andere regelmäßige Arbeiten!«

Quellenvermerk

In der vorliegenden »Imkerfibel« wurde, wie jeweils angegeben, hauptsächlich aus den folgenden Standardwerken der Imkerliteratur zitiert, die auch für die weitere, vertiefende Lektüre des Imkers sehr zu empfehlen sind:

Dr. Anton Büdel, Edmund Herold (Hrsg.): BIENE UND BIENENZUCHT. 2. Auflage 1976. 384 Seiten, 500 Fotos, Zeichnungen, Farbtafel.

Friedrich Karl Böttcher: BIENENZUCHT ALS ERWERB. 3. Auflage 1973. 272 Seiten, 92 Fotos, Zeichnungen.

Roy A. Grout, Friedrich Ruttner (Hrsg.): BEUTE UND BIENE. 2. Auflage 1973. 400 Seiten, 180 Abbildungen.

Edmund Herold: NEUE IMKERSCHULE. Theoretisches und praktisches Grundwissen. Neu bearbeitet von Dr. K. Weiß, Erlangen. 3. Auflage 1977. 248 Seiten, 117 Abbildungen, Farbtafel.

Bruder Adam: MEINE BETRIEBSWEISE. 3. Auflage 1978. 96 Seiten, 36 Fotos.

Edmund Herold: HEILWERTE AUS DEM BIENENVOLK. 5. Auflage 1978. 228 Seiten, 50 Abbildungen.

Friedrich Ruttner: ZUCHTTECHNIK UND ZUCHTAUSLESE BEI DER BIENE. 4. Auflage 1979. 148 Seiten, 51 Abbildungen.

Joachim Evenius, Walter Kaeser: DAS HONIGBUCH. 7. Auflage 1970. 122 Seiten, 53 Abbildungen.

Diesen Werken – im Ehrenwirth Verlag, München, erschienen – sind auch zahlreiche Abbildungen des vorliegenden Buches entnommen, sofern sie nicht vom Verfasser selbst stammen oder der Broschüre »Imker im Dienste der Umwelt« des Land- und Hauswirtschaftlichen Auswertungs- und Informationsdienstes entnommen wurden (AID-Broschüre Nr. 323).